MANUEL

DE

CONSTRUCTION

APPLIQUÉ AUX

MAISONS PARTICULIÈRES

ET AUX

ÉTABLISSEMENTS RURAUX,

CONTENANT :

Des notions d'architecture ; la description des travaux à exécuter dans une habitation, depuis les fouilles jusqu'à la pose des papiers de tenture ; les analyses de prix de tous ces ouvrages ; des renseignements sur la construction des cheminées, des lieux, des puisards, etc. ; des notions sur l'établissement des écuries, des étables, des granges, etc.,

PAR

Al. MÉLIN, Architecte,

Officier d'Académie,

Professeur, Membre de la Commission des Bâtiments civils de la Meurthe, de l'Académie de Stanislas, etc., etc.

———————◆———————

NANCY

CHEZ

L'Auteur, au Château-Carré.

Wiener aîné et Fils, papetiers, rue des Dominicains, 55.

1858.

TRAITÉ PRATIQUE

SUR

LA CONSTRUCTION

DES MAISONS PARTICULIÈRES

ET SUR

LES CONSTRUCTIONS RURALES.

CHAPITRE Ier.

Notions d'Architecture.

L'architecture est l'art de bâtir suivant certaines règles et suivant des proportions déterminées par le caractère et par la destination de chaque édifice.

Remarquons qu'une construction nous agréera complètement, lorsqu'elle aura un cachet d'utilité et de convenance; elle sera belle, à la condition que nous verrons nettement les formes exigées par ces convenances et aussi par les usages et les lois de la stabilité. Il y aura alors une expression vraie, qui sera le caractère de l'édifice.

Les qualités principales qui recommandent un bâtiment à notre attention, sont l'ordre et la simplicité. L'ordre, nous prouve que toute chose est disposée justement et avec discernement. La simplicité, nous permet de saisir sans fatigue, les différentes parties d'un édifice.

Mais ces deux qualités d'ordre et de simplicité ne sont pas suffisantes pour édifier un bâtiment, il faut encore posséder la connaisance des données fournies par l'expérience, pour tel ou tel genre de construction et savoir mettre toutes les parties de l'édifice en harmonie entr'elles, pour en faire un ensemble idéal, qui constitue le *beau*.

Chaque peuple *a manifesté son génie particulier* dans son architecture comme dans sa poésie. Ses monuments portent l'empreinte de son caractère, de ses mœurs, de ses usages et de sa civilisation.

Ainsi : l'**architecture Dorienne**, qui a donné naissance à l'*ordre dorique*, nous montre l'époque austère du peuple Dorien.

L'**architecture Ionienne** cherche la parure et l'élégance; c'est le beau siècle de Périclès.

Enfin, **l'opulente Corinthe** introduit le luxe dans son architecture. A partir de cette époque commence la décadence de l'*art grec*.

A Rome, l'architecture est d'abord simple et vraie sous la République; élégante, puis riche, puis enfin luxueuse sous l'Empire. La décadence commence ensuite au moment où l'empire Romain est transporté à Byzance (Constantinople).

Après ces deux grandes périodes de l'architecture grecque et de l'architecture romaine, nous voyons naître *l'architecture byzantine,* avec ses dômes, ses coupoles et son luxe asiatique, mais sans ordonnance ni principes.

Au moyen-âge jusqu'au XIIᵉ siècle, l'architecture est restée à l'état barbare. Au retour des croisades, sous Saint-Louis, paraît l'architecture ogivale, dans laquelle on retrouve les ordres grecs et romains abâtardis entourés du luxe de l'architecture byzantine. Cette nouvelle période d'architecture s'arrête au XVIᵉ siècle, sous François Iᵉʳ.

Au XVIᵉ siècle commence une nouvelle ère, la *Renaissance,* avec ses gracieuses fantaisies brodées sur l'art grec et sur l'art romain.

Après cette époque, qui se termine aux guerres de religion, l'architecture prend un caractère austère sous Henri IV et sous Louis XIII. Elle devient élégante sous Louis XIV et riche sous Louis XV.

Nous arrivons ainsi jusqu'au milieu du XVIIIᵉ siècle, à partir de ce moment jusqu'aujourd'hui, notre architecture est restée stationnaire, elle n'a rien produit de nouveau. Nos constructions ne sont qu'un mélange plus ou moins heureux de toutes les architectures, et quelquefois elles ne sont qu'une copie plus ou moins fidèle de l'art grec, ou de l'art romain, ou de l'art ogival, ou de la Renaissance.

Si notre époque n'est pas riche dans son architecture extérieure, elle n'a jamais eue de rivale *pour la distribution* et l'ornementation intérieure. Le bien-être et le confortable y sont compris d'une manière fort remarquable.

La belle architecture est née au milieu du peuple grec. C'est à Athènes, sous l'administration de Périclès, qu'ont été fixées les formes et les proportions des **trois ordres d'architecture,** qui forment la base de leurs monuments. C'est sous son règne que les plus beaux temples ont été construits.

Les trois ordres grecs, sont : le **Dorique,** l'**Ionique** et le **Corinthien.** L'ordre se manifeste dans les piliers isolés ; il est l'expression des formes et des proportions qui doivent produire le beau par excellence.

Les piliers ou supports isolés sont en général cylindriques. A masses égales, ils offrent moins d'obstacles à la circulation, se dégradent moins facilement et offrent plus de résistance. Ces supports se nomment *colonnes.*

Ordinairement la colonne se divise en trois parties bien distinctes, qui sont : la **base,** le **fût** et le **chapiteau.**

La première partie forme le pied ou l'empattement du cylindre qui est au-dessus. La seconde partie est un cylindre assez élevé, qui constitue la colonne. Enfin la troisième partie est la tête de la colonne, elle s'élargit vers le haut de manière à donner plus d'assiette à la construction qui doit reposer dessus.

La première pensée qui vint aux Grecs fut de réunir leurs colonnes par d'énormes blocs de pierres plates, posées de champ sur deux colonnes consécutives. Ces constructions étaient lourdes et massives par suite de la petite distance qui se trouvait entre chaque colonne.

Pour donner plus de hardiesse et plus de légèreté à leurs édifices, ils remplacèrent la pierre par du bois, ce qui leur permit de mettre une distance plus considérable entre leurs colonnes.

Quand plusieurs files de colonnes ont été réunies par ces pièces de bois, ils placèrent d'autres pièces en travers, allant d'une première file à une seconde, puis sur le tout ils mirent une toiture. Cette construction prit le nom d'**entablement.**

L'entablement se divise en trois parties distinctes, qui sont : **l'architrave**, la **frise**, la **corniche.**

La base de la colonne repose quelquefois sur de simples dés en pierre, en relief sur le sol. Quand ces dés sont décorés de moulures, ils prennent le nom de **piédestaux.**

À son tour le piédestal se divise encore en trois parties bien distinctes, qui sont : le **socle**, le **dé** et la **corniche.**

Un ordre n'est complet qu'avec son piédestal et son entablement. Il se divise alors en neuf parties, qui sont :

Piédestal :	Socle. Dé. Corniche.
Colonne :	Base. Fût. Chapiteau.
Entablement :	Architrave. Frise. Corniche.

La proportion d'une colonne s'exprime en mettant la hauteur en fonction du diamètre, pris en bas du fût. La moitié du diamètre ou le rayon prend le nom de **module.**

En Grèce, le rapport entre la hauteur de la colonne et son diamètre est de 11 modules 25/100ᵉ, variant d'un monument à l'autre de 75/100ᵉ de module en plus ou en moins.

À Rome, ce rapport est d'un peu plus de 19 modules, avec une différence de 1/2 module, aussi en plus ou en moins.

Aujourd'hui, on admet comme principes trois rapports, qui sont : pour les colonnes massives, 16 modules ; pour les colonnes moyennes, 18 modules, et pour les colonnes élancées, 20 modules. Cependant ces dimensions n'ont rien d'absolu.

Vignole a adopté les rapports suivants, pour les trois ordres grecs :

      Dorique, le rayon étant 1, la hauteur sera 16 ;
      Ionique,   —   1,   —   18 ;
      Corinthien,   —   1,   —   20.

Il existe encore deux autres ordres, qui sont :

Le **Toscan**, qui n'est qu'une variante du Dorique.

Le **Composite**, qui est un mélange d'Ionique et de Corinthien.
Les rapports de ces deux ordres, sont :

Toscan, le rayon étant 1, la hauteur sera 14;
Composite,   —   1,   —   20.

Pour donner aux colonnes une stabilité aussi réelle qu'apparente,
on a été amené à réduire le diamètre à la partie supérieure du fût
de manière que la colonne va en s'amincissant depuis le bas jusqu'en
haut.

En Grèce, la différence entre les deux diamètres est de 100/118e
à 100/158e, ou 1/4 environ.

A Rome, la différence entre les deux diamètres est de 100/112e
à 100/119e, ou 1/7e environ.

D'après Vignole, cette différence est de 1/6e.

La surface comprise entre les deux cercles du fût est déterminée
par une *ligne droite* ou une *ligne courbe*, se mouvant autour de
l'axe sans quitter les deux cercles. La forme courbe dans la hauteur,
ne se trouve que dans les monuments romains, on lui donne le nom
de *galbe*.

La proportion qui existe entre la hauteur d'une *colonne* et son
entablement, a été trouvée dans les monuments anciens de 2/5e, 1/5,
5/14e, 5/19e et 5/22e.

Vignole propose le rapport 1/5 pour l'entablement et 1/4 pour le
piédestal.

Nous donnons plus loin un tableau indiquant en modules et en
parties de module les dimensions des cinq ordres.

Toutefois on observera, que le module est divisé en 12 parties égales
pour l'ordre Toscan et pour l'ordre Dorique, et en 18 parties égales
pour les trois autres ordres.

ORDRES.	Piédestal		Colonne		Entabl.		Total.	
Toscan	4ᵐ	8ᵖ	14ᵐ	0ᵖ	5ᵐ	6ᵖ	22ᵐ	2ᵖ
Dorique	5.	4	16.	0	4.	0	25.	4
Ionique	6.	0	18.	0	4.	9	28.	9
Corinthien	6.	12	20.	0	5.	0	31.	12
Composite	6	12	20.	0	5.	0	31.	12

Nous donnons aussi un second tableau indiquant les hauteurs des
diverses parties d'un ordre et la largeur prise de l'axe jusqu'à l'ex-
trémité des saillies.

___

DÉSIGNATION DES PARTIES.		Toscan.	Dorique.	Ionique.	Corinthien.	Composite.
PIÉDESTAL. Base	hauteur	1ᵐ 6p	0ᵐ10p	0ᵐ 9p	0ᵐ12p	0ᵐ12p
	saillie	0. 8 1/2	1. 9 1/2	1. 15	1. 15	1. 15
Dé	hauteur	5. 8	4. 0	5. 0	5. 5	5. 5
	saillie	1. 4 1/2	1. 5	1. 7	1. 7	1. 7
Corniche	hauteur	0. 6	0. 6	0. 9	0. 15	0. 15
	saillie	1. 8 1/2	1. 11	1. 17	1. 15	1. 15
COLONNE. Base	hauteur.....	1. 0	1. 0	1. 0	1. 0	1. 0
	saillie	1. 4 1/2	1. 5	1. 7	1. 7	1. 7
Fùt	hauteur	12. 0	14. 0	15. 17	16. 12	16. 12
	saillie en bas.	1. 0	1. 0	1. 0	1. 0	1. 0
	saillie en haut	0. 9 1/2	0. 10	0. 15	0. 15	0. 15
Chapiteau	hauteur	1. 0	1. 0	1. 1	2. 6	2. 6
	saillie	1. 2 1/2	1. 5	1. 8	1. 9 1/2	1. 9 1/2
ENTABLEMENT. Architrave	hauteur.....	1. 0	1. 0	1. 4 1/2	1. 9	1. 9
	saillie	0. 11 1/2	0. 11 1/2	1. 2	1. 5	1. 5
Frise	hauteur	1. 2	1. 6	1. 9	1. 9	1. 9
	saillie	0. 9 1/2	0. 10	0. 15	0. 15	0. 15
Corniche	hauteur	1. 4	1. 6	1. 15 1/2	2. 0	2. 0
	saillie	2. 5 1/2	2. 10	2. 10	2. 17	2. 17

À ces grandes masses formant les différentes parties de l'ordre, on a introduit des découpures droites et courbes de manière à jeter de la variété dans la forme sans porter atteinte à l'unité. Ces découpures prennent le nom de **moulures.**

Les moulures sont droites ou courbes, celles-ci sont simples ou composées. Les simples sont formées d'un seul arc de cercle, comme le **quart de rond**, le **cavet**, la **baguette** ou le **tore**; les composées se font avec deux arcs de cercle, comme le **talon**, la **doucine** et la **scotie.**

De la combinaison des moulures courbes avec les moulures droites, en opposant les fortes saillies aux faibles, les fines et déliées aux moyennes, on a constitué l'art de *profiler.*

Chez les anciens, l'artiste savait rendre avec une expression de vigueur ou de finesse le galbe d'une moulure et former ainsi un ensemble parfait. Aussi fallait-il une main bien exercée et un jugement bien sain pour obtenir d'une manière aussi heureuse ces beaux effets que nous admirons encore aujourd'hui. La forme des moulures courbes était tracée à main levée, les nôtres sont obtenues au compas, ce qui leur donne plus de sécheresse dans les contours.

A cette première décoration vint s'en ajouter une autre, les *ornements sculptés*. Lorsque ces ornements sont disposés avec art, ils produisent des effets charmants par l'opposition des ombres et de la lumière et par l'air qui se joue dans les formes gracieuses du dessin.

Les principaux ornements, sont : **l'ove**, les **perles** ou **chapelets**, les **raies de cœur**, les **palmettes**, les **fleurs de lotus**, les **feuilles d'acanthe, etc.**, les **entrelacs** et les **feuilles de laurier.**

L'*ove* a la forme d'un œuf qui serait entouré d'une coque fendue; à droite et à gauche se dressent deux dards. Il se sculpte dans le 1/4 de rond.

Les *perles* ou *chapelets* se taillent dans la baguette au-dessous des oves.

Les *raies de cœur*, dont la forme est à peu près celle d'un cœur, se mettent sur le talon.

Les *palmettes*, les *feuilles d'acanthe, etc.*, se dessinent sur la doucine.

Les *entrelacs*, les *feuilles de laurier, etc.*, s'appliquent sur le *tore*, qui est la plus grosse moulure de la base de la colonne.

La différence qui existe entre chaque ordre tient à la forme du chapiteau ou à celle de la frise.

Le *Dorique* se reconnaît à un petit ornement peu saillant qui décore la frise. Cette décoration se nomme *triglyphe*. Le triglyphe est creusé de petits canaux au-dessous desquels se trouvent de petites pyramides tronquées appelées *gouttes*.

L'*Ionique* a son chapiteau décoré de deux enroulements nommés *volutes*.

Le *Corinthien* se distingue des autres ordres par son chapiteau orné d'un double rang de feuilles d'acanthe disposées symétriquement autour du panier, de deux grandes volutes à chaque angle et deux petites volutes vers le milieu de chaque face.

Le *Composite* ne diffère du Corinthien que par la suppression des deux petites volutes.

Le *Toscan* est le plus simple de tous les ordres, on ne retrouve aucun des ornements qui caractérisent les autres ordres.

Les ordres d'architecture sont employés en colonnes isolées, en colonnades et en arcades.

Nous donnons plus loin un tableau dans lequel sont consignées les dimensions en modules et en parties de module, des ouvertures des arcades, des distances d'axe en axe des colonnes.

DÉSIGNATION.	Toscan.		Dorique.		Ionique.		Corinthien.		Composite.	
Entre-colonnement d'axe en axe	6^m	8p	7^m	6p	6^m	9p	6^{m}12p		6^{m}12p	
Portique sans piédestal. Distance d'axe en axe des colonnes ..	9.	6	10.	0	11.	9	12.	0	12.	0
— de la clef au-dessous de l'archit.	1.	0	2.	0	1.	0	2.	0	2.	0
Ouverture de l'arcade	6.	6	7.	0	8.	9	p9.	0	9.	0
Portique avec piédestal. Distance d'axe en axe des colonnes.	12.	9	13.	0	15.	0	16.	0	16.	0
— de la clef au-dessous de l'archit.	1.	2	1.	5	2.	0	1.12		1.12	
Ouverture de l'arcade	8.	9	10.	0	11.	0	12.	0	12.	0

Si nous avons donné les proportions et la forme des ordres grecs et romains, c'est que la décoration extérieure de nos habitations et de nos édifices leur font des emprunts assez souvent. Nous ne passerons donc pas en revue les diverses architectures civiles ou religieuses de l'époque romaine, du moyen-âge et de la Renaissance, parcequ'elles ne nous apprendraient rien de bien intéressant pour nos constructions actuelles. Du reste, la nature de cet ouvrage ne nous le permet pas.

Nous dirons encore que pour toute habitation il faut qu'elle soit *utile, agréable* et qu'elle porte le cachet de sa destination. Elle doit satisfaire aux besoins nés des mœurs, des usages et de la position sociale. Elle doit aussi être faite en vue de garantir contre les variations atmosphériques et prémunir contre les inconvénients du climat que l'on habite.

Les constructions doivent répondre à trois points principaux :

La **solidité**, la **distribution** et la **décoration**.

La *solidité*. Un édifice sera solide à la condition que les matériaux employés seront de bonne qualité ; que le sol des fondations sera un terrain bien résistant ; que les points d'appui seront convenablement disposés, et que les résistances suffiront aux besoins des poussées et des pressions. On devra aussi éviter les *porte-à-faux*.

Distribution. La distribution comprend : la commodité, la convenance et la salubrité. Un bâtiment doit donc être divisé avec ordre et symétrie. Les pièces doivent être d'une grandeur convenable. Les dégagements nécessaires au service seront réservés avec le plus grand soin. Les pièces devront avoir leurs entrées et leurs sorties faciles, symétriques, débouchant ou sur des vestibules, ou sur des dégagements, ou sur des antichambres, afin de n'avoir aucune servitude entr'elles.

L'emplacement d'un bâtiment doit être sain, l'intérieur sera garanti contre l'humidité et les différentes ouvertures devront préserver des fortes chaleurs et des froids rigoureux.

Nous allons tâcher d'indiquer quelques dimensions générales adoptées en architecture.

La superficie des appartements est donnée par l'usage, de :
15 mètres carrés à 22, pour un petit salon.

54	—	46, pour un moyen salon.
14	—	19, pour une petite salle à manger.
29	—	58, pour une moyenne salle à manger.
12	—	16, pour une petite chambre à coucher.
25	—	51, pour une moyenne chambre à coucher.
8	—	12, pour une petite antichambre.
16	—	19, pour une moyenne antichambre.
10	—	14, pour une petite cage d'escalier.
19	—	25, pour une moyenne cage d'escalier.

Les dimensions des portes d'intérieur sont :

2ᵐ00 à 2ᵐ10 de hauteur sur 0ᵐ70 à 0ᵐ80 de largeur, pour une porte à un ventail.

2ᵐ50 à 2ᵐ80 de hauteur sur 1ᵐ50 à 1ᵐ60 de largeur, pour une porte à deux ventaux.

Une porte à deux ventaux placée en face d'une cheminée est du meilleur effet surtout quand elle donne accès dans une pièce principale. Une glace placée en face d'une autre glace, soit dans une même pièce ou dans deux pièces différentes, donne de la profondeur à un appartement.

Lorsqu'un appartement est très-grand, on place ordinairement les portes à deux battants près des angles.

Dimensions des cheminées.

Pour un moyen appartement, la largeur est de 1ᵐ50 ; la hauteur, 1ᵐ05, et la profondeur, 0ᵐ60.

Pour un petit appartement, la largeur est de 1ᵐ20 ; la hauteur, 1ᵐ00, et la profondeur, 0ᵐ50.

Le foyer ou chaîne a 50ᶜ d'avancée ou de largeur ; sa longueur est égale à celle de la cheminée. Les jambages ont pour largeur le *dixième* de la largeur de la cheminée. Enfin la largeur de la tablette varie de 27 à 40ᶜ.

Les cheminées devront toujours être placées dans le milieu d'une des faces de l'appartement. A la campagne, ou en face d'un beau monument, d'une belle place ou d'une promenade, la cheminée se mettra vis-à-vis d'une fenêtre. Il faut pour cette disposition, une ou trois fenêtres sur la face.

Décoration. La décoration consiste dans la symétrie, la régularité et l'ornementation.

A l'extérieur, les portes et les fenêtres doivent être percées de niveau et d'aplomb. Autant que possible on placera une ouverture dans le milieu de la façade et toutes les baies des différents étages auront leur milieu sur une ligne verticale.

Les corniches et les cordons devront accuser de grandes lignes.

On devra toujours rechercher les proportions des diverses parties isolées d'un bâtiment pour les mettre en harmonie entr'elles et former un bel ensemble de façade.

Dans la pratique, des rapports ont été établis entre les dimensions des ouvertures pratiquées dans une façade. Ceux que nous donnons ci-dessous ont été calculés par les artistes les plus distingués.

Les petites fenêtres doivent avoir 1^m15 de largeur sur 2^m50 de hauteur.

Les moyennes fenêtres doivent avoir 1^m40 de largeur sur 2^m80 de hauteur.

Les portes d'allées doivent avoir 1^m15 à 1^m40 de largeur sur 3^m00 à 3^m50 de hauteur.

Les portes cochères doivent avoir 2^m60 à 2^m90 de largeur sur 3^m00 à 3^m50 de hauteur.

Entre le sol d'un étage et le dessus de l'appui des fenêtres on compte de 60 à 70 centimètres.

Aussi la hauteur des étages est de :

3^m25 à 3^m90, pour un rez-de-chaussée et pour un premier étage.

2 90 à 3 20, pour un second étage.

2 60 à 2 90, pour un troisième étage.

CHAPITRE II.

§ I. Des Démolitions.

La construction que l'on veut élever est ordinairement appelée à remplacer celle qui existait déjà. Il faut donc démolir l'ancien bâtiment, mettre les matériaux de côté après les avoir débarassés du mortier et des gravois et les emmétrer ensuite. Après ce détournement on enlève les décombres, afin de rendre la place libre.

On admet que le mètre cube de démolition de maçonnerie, de moëllons et de briques, produit un *demi mètre cube de matériaux*, bons à être réemployés, et un *demi mètre cube de gravois* à enlever.

§ II. Prix des Démolitions.

Le mètre cube de démolition de maçonnerie en moëllons et mortier, est de 2^h50 de maçon et manœuvre, à 0^f58 l'heure. 0^f95

Pour ranger et emmétrer les moëllons, 1^h25 à 0^f15........ 0 19

Le mètre carré de briques de 11ᵉ d'épaisseur, 0ᵇ55 à 0ᶠ58... 0ᶠ 12
  —   —   rangées et nettoyées avec soin,
0ᵇ95 à 0ᶠ58... 0 37
Transport des gravois, le mètre cube.

A la brouette, chargement, 0ᵇ75 à 0ᶠ25.................. 0 17
Transport à 20 mètres, 0ᵇ75 à 0ᶠ15.................... 0 11
Au tombereau, chargement et transport hors la ville....... 1 00
Démolition de la pierre de taille, au mètre cube.

Assises, socles, dalles, etc., 5ᵇ15 à 0ᶠ58............... 1 20
Chassis de fenêtres, portes, etc., 5ᵇ75 à 0ᶠ58........... 1 40
  —   descendues à la chèvre, 5ᵇ00 à 0ᶠ58 ... 1 90
Chargement et déchargement, 5ᵇ15 à 0ᶠ58 .... 1 20
Transport à 100 mètres, 2ᵇ90 à 0ᶠ58.................... 1 10

§ III. Mètré des Démolitions.

Les matériaux doivent être repris par l'entrepreneur aux mêmes prix que les neufs. La pierre de taille sera considérée comme brute.

CHAPITRE III.

§ I. Terrassements et fouilles de fondations.

La solidité d'une construction dépend en général de la nature du sol. Les terrains les plus favorables pour servir de supports aux fondations, sont : le **roc**, le **tuf**, les terrains **pierreux**, **grave-leux** et **sablonneux**. Les sols terreux, les terrains marécageux et tourbeux sont susceptibles de compression. On rend ces terrains solides en plaçant dans le fond de l'excavation un massif de sable de 60 à 80 centimètres d'épaisseur, formé de couches successives de 25 centimètres, arrosés de lait de chaux et damés ensuite. Le sable étant compressible d'une manière uniforme, il s'ensuit que les murs restent dans un équilibre parfait.

Pour construire les fondations des murs, on creuse des rigoles jusqu'à ce qu'on rencontre un fond solide pouvant supporter le poids des constructions projetées. C'est dans le cas d'une trop grande profondeur qu'on a recours aux fondements en sable.

Les rigoles doivent avoir une largeur telle, que l'empattement des murs qui varie de 70 à 90 centimètres d'épaisseur, laisse de chaque côté environ 10 centimètres, ce qui donnera en totalité une moyenne de 1ᵐ00.

Lorsque le terrain est résistant, l'empattement descend à 60 centimètres au-dessous du niveau du sol des caves.

Après avoir fait les rigoles des façades et des murs latéraux, et lorsqu'on aura terminé les fondations et une partie des murs en élévation, on enlevera le terre-plein dans l'emplacement des caves. Cependant on peut déblayer les caves en même temps que les rigoles.

§ II. Du prix des Déblais.

Nous avons dressé le tableau ci-dessous qui comprend, d'après l'expérience, le prix des fouilles ordinaires, celles faites en rigoles qui augmentent *d'un tiers*, le chargement, etc.

DÉSIGNATION DES TERRES.	Fouilles ordinaires.	Fouilles en rigoles, $1/6^e$ en plus.	1er Jet, $1/3$.	Charge-ment, $1/3$.
Terre franche, 1^h25 à 0^f15	0^f19	0^f22	0^f08	0^f08
— forte.. 1 90 —	0 29	0 54	0 11	0 11
Marne...... 2 45 —	0 57	0 45	0 14	0 14
Tuf tendre.. 5 50 —	0 55	0 65	0 21	0 21

Recherche du prix d'un mètre cube de terre fouillée et enlevée d'une tranchée de 4 mètres de profondeur et menée à 50 mètres de distance.

D'après le tableau ci-dessus on établira l'analyse suivante.

Il faut que l'ouvrier jette la terre en deux fois, à cause de la trop grande profondeur, une première fois sur une banquette et la seconde fois sur la berge. La terre est ensuite chargée dans des brouettes ou dans des tombereaux et conduite au lieu des dépôts.

Terre franche piochée	0^f22
Premier jet de pelle.....................	0 08
Deuxième —	0 08
Chargement..........................	0 08
Transport à 50^m, 0^h60 à 0^f15 - 0^f09.	
Et pour 50^m	0 15
Total.......	0 61

Si le transport se fait au tombereau, on comptera par relai de 100^m un temps de 0^h067 à 5^f50 .... 0^f037

Pour déchargement, 0^h05 à 5^f50 .... 0 027

§ III. Mètré des Terrassements.

Pour les fouilles des rigoles, des faces et des refends, on prendra la longueur, la largeur et la hauteur moyenne. On multipliera ces trois dimensions l'une par l'autre, le produit sera le cube cherché.

La portion de terre comprise entre les rigoles, qui doit être enlevée pour l'emplacement des caves sera mesurée, en prenant une moyenne entre les hauteurs prises aux quatre angles, depuis le sol de la cave jusqu'au sol naturel. Cette moyenne sera multipliée par la longueur et le produit par la largeur du massif.

CHAPITRE IV.

§ I. Des Maçonneries.

La maçonnerie est le principal objet de la bâtisse; d'elle, dépend la durée d'un bâtiment. La qualité des matériaux, le soin apporté dans l'exécution du travail, sont les points essentiels.

Les maçonneries sont de plusieurs espèces:

1° La maçonnerie en béton ;
2°   —   en moëllons;
3°   —   en briques ;
4°   —   en pierre de taille.

Ces diverses maçonneries sont construites, suivant leur destination, soit avec la même espèce de matériaux, soit avec plusieurs espèces. Ainsi, les murs de clôture sont faits en moëllons, les façades en moëllons et pierre de taille, ou encore en briques et pierre de taille, ou encore en briques seulement.

§ II. Maçonnerie en béton.

Le béton est un mélange de mortier et de cailloux ou d'éclats de pierre de taille, dans la proportion de 60 centièmes de mètre cube de mortier sur 80 centièmes de mètre cube de cailloux. Le mélange se fait au moyen de griffes en fer.

L'empattement des fondations, sur un terrain un peu compressible, se fait en béton, par couches successives de 20 centimètres d'épaisseur, jusqu'à 60 centimètres de hauteur.

Le cailloux doit être bien lavé. Il doit aussi pouvoir passer dans un anneau de 5 centimètres de diamètre au plus.

Le mortier est composé de sable et de chaux éteinte, dans le rapport de un à deux environ. Son analyse se trouve un peu plus loin.

Recherche du prix d'un mètre cube de béton.

0ᵐ80 de cailloux à 3ᶠ00	2ᶠ 40
0 60 de mortier à 9ᶠ19	5 51
Main-d'œuvre: 7ʰ50 de manœuvre à 0ᶠ15 l'heure.	1 10
Total........	9 01
Pour l'emploi, il faut 6ʰ50 de maçon à 0ᶠ23 l'heure.	1 49
Total........	10 50

§ III. Maçonnerie en moëllons.

La maçonnerie en moëllons se fait ordinairement à mortier de chaux et sable. Elle sert aux fondations, aux murs de face avec la pierre de taille, aux murs de refends et aux voûtes. Avant d'aller plus avant, nous allons donner, sur chaque espèce de matériaux, des renseignements sur leurs qualités, sur leur emploi et sur leur mélange.

Moëllons. Le moëllon provient des premiers bancs des carrières ou des blocs de rebut de pierre de taille.

Les qualités du moëllon, sont : d'avoir le grain homogène, la texture uniforme, d'être non gelif et de présenter la forme méplate. Les moëllons devront être tirés d'avance de la carrière, ou au moins, par un temps sec.

Le moëllon provenant de roches quartzeuses est le meilleur.

La pose des moëllons se fait par assises de 20ᵉ à 50ᵉ de hauteur, en plaçant les plus gros dans les fondations et surtout dans les angles. Ceux qui formeront l'épaisseur des murs, c'est-à-dire les *parpaings,* se placeront de mètre en mètre, tant dans la longueur que dans la hauteur, pour relier les deux parements du mur. Chaque pierre doit être garnie de mortier et faire liaison avec ses voisines. Les interstices seront remplis de mortier au milieu duquel on enfoncera des éclats de pierre, appelés *garnis,* afin de donner à toute la masse de la consistance et de l'homogénéité.

Les moëllons provenant de démolition ne peuvent être employés dans de nouvelles constructions, qu'à la condition qu'ils ne sortiront pas d'un lieu humide ou salpêtré.

Dans les voûtes et dans les arcades, on choisira pour leur construction, les moëllons très-plats, appelés *pendants.* Ils seront posés sur champ et perpendiculaires à la courbe de la voûte.

L'épaisseur des murs en moëllons est déterminée d'après la charge que ces murs ont à supporter. En général, les murs de façade de maisons de deux étages, ont, au rez-de-chaussée, 50ᵉ d'épaisseur; au premier étage, 45ᵉ ; et enfin au deuxième étage, 40ᵉ. Les fondations, ont, depuis le sol de la rue jusqu'au sol des caves, 60ᵉ; et enfin, l'empattement à 80ᵉ.

Les temps un peu couverts sont favorables aux constructions en moëllons; par un temps sec, il faut arroser et nettoyer souvent la maçonnerie sur laquelle on fait la reprise. Les gelées sont pernicieuses à ce genre de construction.

Chaux. La chaux est une pierre calcaire, plus ou moins pure, qu'on soumet à la cuisson pour lui enlever son eau de carrière et son acide carbonique.

La chaux est divisée en deux classes, qui sont : la **chaux grasse** et la **chaux hydraulique.**

La chaux grasse ou commune est ordinairement blanche. Elle augmente du double et plus de son volume primitif, lorsqu'elle est éteinte et réduite en pâte. On se sert de cette chaux pour les crépis, pour la pose de la pierre de taille et pour le blanchiment des murs. Elle est très-soluble dans l'eau; c'est pour cette raison qu'elle doit être rejetée partout où il y a de l'humidité.

Pour réduire cette chaux en pâte, on la fait passer d'un bassin dans un autre bassin, placé plus bas que le premier.

La chaux hydraulique provient d'un calcaire, dans la composition duquel il entre une proportion plus ou moins considérable d'argile. Cette chaux a la propriété de se durcir dans l'eau par suite de la présence de ce nouveau corps. Aussi, s'en sert-on avec avantage dans les lieux humides, et surtout dans les travaux hydrauliques.

La couleur de la chaux hydraulique est grise. Elle foisonne peu à l'extinction.

La chaux des environs de Nancy provient du terrain jurassique; elle est un peu hydraulique. Celle de Richarménil, est moyennement hydraulique; celle de Metz est au contraire très-hydraulique.

Ces chaux augmentent de volume après l'extinction, jusqu'à donner en moyenne une fois et demi leur volume primitif.

On éteint cette chaux dans un bassin en bois ou en sable, en la saturant d'eau par petite quantité.

Le prix du mètre cube de chaux vive, rendue en ville, est de 21 francs.

Recherche du prix d'un mètre cube de chaux éteinte.

0ᵐ72 de chaux vive, à 21ᶠ......................	15ᶠ12
Main-d'œuvre : 6ʰ de manœuvre à 0ᶠ15ᶜ l'heure.	0 90
Total.......	16 02

Sable. Les meilleurs sables proviennent des rivières et des roches siliceuses; d'abord, parcequ'ils sont purs, ayant été lavés, et ensuite parceque cette roche est dure, et laisse aux grains une forme irrégulière et des angles saillants. On reconnaît un bon sable, lorsqu'étant pressé dans la main, il crie sous cette pression. Il doit aussi ne laisser aucune trace de saleté sur la peau.

Le sable de carrière ou de minière doit être lavé avant son emploi, pour le débarrasser des matières terreuses.

Le prix du mètre cube de sable, pris dans la rivière de la Meurthe, est de 5ᶠ, rendu en ville.

Mortier. Le mortier est une pâte composée de sable et de chaux éteinte, dans la proportion de *un à trois environ;* c'est-à-dire, qu'il faudra pour un mètre cube de mortier, 1ᵐᶜ00 de sable et 0ᵐᶜ50ᶜ de chaux en pâte. Ces deux matières seront mélangées au moyen d'un rabot en fer ou en bois, jusqu'à ce que les grains de sable soient complètement enveloppés de chaux.

Le mortier perd de ses qualités lorsqu'il est vieux ou gelé. On doit s'en servir, au plus tard, 48 heures après sa fabrication. Lorsqu'il est un peu dur, on le brasse de nouveau, en ajoutant un peu d'eau, dans laquelle on a fait dissoudre de la *chaux vive.*

Recherche du prix d'un mètre cube de mortier.

1ᵐᶜ de sable, à 5ᶠ00.......................... 5ᶠ 00
0 50 de chaux en pâte, à 16ᶠ02 .... 4 80
Main-d'œuvre : 9ʰ50 de manœuvre à 15ᶜ....... 1 59

Total....... 9 19

§ IV. **Prix de la maçonnerie en moëllons.**

Recherche du prix d'un mètre cube de maçonnerie, pour fondations.

1ᵐᶜ10 de moëllons, à 2ᶠ50.................... 2ᶠ75
0 25 de mortier, à 9ᶠ19.................... 2 29
Main-d'œuvre : 5ʰ de maçon et de manœuvre
  à 38ᶜ 1 90

Total....... 6 94

Pour les murs en élévation, sans baies, en plus, 1ʰ75, ci 0 66-7ᶠ60
  —   —   *avec baies, en plus,* 2ʰ75, ci 1 05-7 99

§ V. **Mètré de la maçonnerie en moëllons.**

On paie ordinairement la maçonnerie au *mètre carré*, en faisant varier le prix avec l'épaisseur du mur. Les ouvertures sont toujours déduites de la surface. Les crépis et les enduits sont comptés à part.

Recherche du prix du mètre carré de maçonnerie en élévation, avec baies, de 50ᶜ *d'épaisseur et dont les parements sont crépis et enduits.*

0ᵐᶜ50 de maçonnerie à 7ᶠ99 le mètre cube...... 5ᶠ99
2 mètres carrés de crépis et enduits à 55ᶜ le mètre
  carré 0 66

Total..... 4 65

§ VI. **Des crépis et des enduits.**

Les murs de face et de clôture, sont ordinairement crépis et enduits en mortier ou en ciment.

Avant de poser le crépis, les murs doivent être bien secs, les joints dégarnis et nettoyés et les surfaces lavées.

Le printemps et l'automne sont des saisons très-favorables pour enduire le dehors des murs, parcequ'il ne faut, pour ce travail, ni un trop grand froid, ni une trop grande chaleur.

Pour les enduits à l'intérieur, ils peuvent être faits en tous temps, à l'exception de l'époque des gelées.

Le crépis se fait brut, sur une épaisseur moyenne de 10 millimètres. L'enduit se pose dessus, en le lissant avec une *taloche en bois*. Son épaisseur est aussi de 10 millimètres.

Au lieu d'enduit en mortier dans les soubassements, on le fait en ciment rouge ou en ciment de Vassy.

Le ciment rouge se compose de 0^{mc}35 de chaux en pâte et de 1^{mc}00 de ciment pulvérisé.

Le ciment de Vassy, se compose de 651 litres de ciment en poudre et de 0^{mc}70 de sable tamisé. Le ciment de Vassy se fait au fur et à mesure de son emploi, par petites quantités, trois à quatre litres par exemple. Pour le poser, il faut un soin extrème ; d'abord, la plus grande propreté sur les surfaces à enduire, le parement le plus rugueux possible et les tailles piquées.

Recherche du prix du mètre carré de crépis et d'enduits.

Le mètre carré de crépis sur mur neuf.

0^{mc}01 de mortier à 9^f19......................	0^f092
Main-d'œuvre : 0^h25 de maçon et manœuvre à 58^c	0 095
Total.......	0 187

Le mètre carré d'enduit en mortier.

0^{mc}1 de mortier à 9^f19......................	0^f092
Main-d'œuvre : 0^h15 de maçon et manœuvre à 58^c	0 056
Total.......	0 148

Le mètre carré d'enduit en ciment rouge, de 15 millimètres d'ép.

0^{mc}014 de ciment à 27^f50]......................	0^f58
0 008 de chaux en pâte à 9^f19...............	0 07
Main-d'œuvre : 1^h00 de maçon et manœuvre à 58^c	0 58
Total.......	0 85

Le mètre carré de ciment de Vassy, de 15 millimètres d'épaisseur.

7 kil. de ciment en poudre à 12^c le kil.	0^f84
0^{mc}01 de sable tamisé à 5^f le mètre carré.......	0 05
Main-d'œuvre : 1^h00 de maçon et manœuvre à 58^c	0 58
Total.......	1 27

§ VII. De la maçonnerie des caves.

Des voûtes. La voûte d'une cave a la forme d'un plein-cintre, où d'une anse de panier, ou d'un arc de cercle. Cette dernière forme nous paraît la plus convenable, comme donnant plus de place dans la hauteur. Il faut dire, que dans ce cas, l'épaisseur des piédroits sera plus grande, à cause de la poussée de la voûte.

Dans une voûte de cave, il est essentiel de connaître les points de rupture, à la suite du défaut de stabilité des piédroits. Pour une voûte en *plein-cintre*, le point de rupture est à 45°, suivant une ligne qui passerait par le centre; pour une voûte en *arc de cercle*, c'est à 60°. Alors, il est bien, pour éviter des fentes dans les reins, de les garnir de maçonnerie, jusqu'au niveau de la face qui passerait par l'extrados de la clef.

Nous donnons ci-dessous une table qui indique les diverses dimensions d'une voûte en plein-cintre extradossée entièrement de niveau.

Diamètre ou ouverture.	ÉPAISSEUR		OBSERVATIONS.
	à la clef.	des piédroits.	
4ᵐ	0ᵐ085	0ᵐ565	La hauteur des piédroits n'influe pas sur ces dimensions.
5ᵐ	0.104	0.454	
6ᵐ	0.125	0.545	La hauteur des murs en élévation tendent encore à affermir les piédroits.
7ᵐ	0.145	0.656	
8ᵐ	0.166	0.727	

D'après Rondelet, on obtiendra l'épaisseur des piédroits des autres formes de voûtes, en multipliant les données ci-dessus par les coefficients qui suivent :

1ᵐ18 pour les voûtes en anse de panier, au 1/5 de montée.

1 55 — en arc de cercle, au 1/6ᵉ de montée.

Une voûte de cave se fait, ou en moëllons plats, appelés pendants, ou en briques de longueur. Les pendants sont un peu dégrossis et équarris, c'est-à-dire *smillés*. Ils sont posés sur une aire en planches, construite sur des cintres. La position de chaque pierre, est d'avoir ses joints dirigés vers le centre, ou perpendiculaire à la courbe.

Pour construire une voûte, on commence en même temps par les deux naissances, puis on monte graduellement jusqu'à la clef. La clef est posée en plein mortier, et serrée fortement avec un maillet en bois. On laisse le mortier se ressuyer avant de décintrer. Le décintrement ne doit se faire que quinze jours, au plus tôt, après la pose des clefs.

Disposition des caves. Une cave doit être sèche et assez profonde pour donner en hiver et en été, une température de 10 à 11 degrés Réaumur.

2.

Une cave est bonne, à la condition qu'elle sera éloignée du passage des voitures, des ateliers des forgerons, des ferblantiers et des chaudronniers. La percussion des coups de marteau sur l'enclume gâte les liquides. Il faut aussi éviter le voisinage des latrines, des trous à fumier, des égoûts, etc.

La hauteur d'une cave ordinaire varie de 2^m à 2^m50, à partir du sol jusqu'au dessous de la clef. Sa largeur est ordinairement comprise entre les murs du bâtiment. Sa longueur est calculée sur les besoins de l'habitation.

Assainissement d'une cave. Quand on craint l'infiltration des eaux dans une cave, on doit prendre certaines précautions que nous allons indiquer. La meilleure est celle qui consiste à remplir toute la surface du fond de l'excavation, d'une couche de béton hydraulique de 50 à 40 centimètres d'épaisseur. On construit ensuite les fondations ; on place entre celles-ci et le terre-plein, une couche de béton, de 50 centimètres d'épaisseur, faite avec le plus grand soin, et pilonnée sur des épaisseurs successives, de 50 à 40 centimètres.

A l'intérieur, on recouvre les parois des murs d'un enduit de ciment de Vassy, de 4 à 5 centimètres d'épaisseur. Le sol est pavé ensuite de un ou deux rangs de briques, posées les unes sur les autres, à bain soufflant de ciment de Vassy. On aura la précaution de donner au pavé une pente de 1 centimètre par mètre, en allant du mur au milieu de la cave.

Pour étancher une ancienne cave, il faudra fouiller le sol de 50 centimètres de profondeur, faire un massif de béton, puis un pavé de briques et ciment. Au pourtour on dégradera les murs, en fouillant les joints et en les nettoyant à plusieurs reprises. On établira un contre-mur en briques, de 11 centimètres d'épaisseur, monté en ciment de Vassy ; puis on couchera sur sa surface un enduit en ciment, de 2 à 5 centimètres d'épaisseur.

Pour le sol d'une cave, on peut remplacer la brique par une couche de bitume, de 5 centimètres d'épaisseur.

Recherche du prix d'un mètre carré des travaux à faire dans les caves.

Voûtes en moëllons, dits pendants, de 50^c d'épaisseur.

$0^{mc}54$ de pierre à 5^f, à cause du choix.........	1^f02
0 09 de mortier à 9^f19.....................	0 85
Cintres en bois, compris main-d'œuvre........	1 71
Main-d'œuvre : 5^h de maçon et manœuvre à 58^c..	1 14
Total.......	4 70

Nota. Les cintres et couchis sont formés de planches brutes en sapin.

On compte, par *mètre carré* de voûte, pour fourniture et pose de cette charpente, 2^f85. La reprise des bois par l'entrepreneur vaut $2/5^e$; reste donc, par mètre carré, une dépense de 1^f71.

Pavé en briques ordinaires, posées sur ciment de Vassy, de 2ᶜ d'ép.
 40 briques à 27ᶠ le 00/00...................... 1ᶠ 08
 0ᵐᶜ05 de ciment de Vassy à 81ᶠ60 .... 2 45
 Main-d'œuvre : 5ʰ de maçon et manœuvre à 58ᶜ.. 1 14
         Total....... 4 67

Contre-mur en briques ordinaires de 11ᶜ d'ép. avec ciment de Vassy.
 80 briques à 27ᶠ le 00/00...................... 2ᶠ 16
 0ᵐᶜ057 de ciment de Vassy à 81ᶠ60 .... 3 00
 Main-d'œuvre : 5ʰ de maçon et manœuvre à 58ᶜ.. 1 14
         Total....... 6 30

§ VIII. Maçonnerie en pierre de taille.

La maçonnerie en pierre de taille, dans nos pays, provient des pierres calcaires et des grès bigarrés. Les qualités de la pierre de taille sont : d'être non *gelive*, d'avoir le grain fin et homogène, la texture uniforme et compacte; de rendre un son clair et plein, lorsque la pierre est frappée avec un corps dur; et enfin, de ne renfermer ni fils, ni moies ou cavités terreuses.

Les pierres de taille forment deux classes. La première classe comprend les **pierres tendres**, qui se débitent avec la scie à dents; et la seconde, les **pierres dures**, qui se débitent avec la scie sans dents.

La pierre est dite *gelive*, quand elle s'effeuille sous l'action de la gelée.

Nous donnons dans le tableau ci-dessous, le nom des pierres de taille des environs de Nancy, leur prix et leur densité.

DÉSIGNATION DES PIERRES.	Prix du mètre cube.	Poids du mètre cube.	OBSERVATIONS.
Pierre de Balin, près Nancy...	25ᶠ.00	2 360 k.	Dure, un peu gelive.
— de Viterne (Meurthe)...	32 00	2 000	id.
— de Reffroy — ...	38 25	2 400	Dure, non gelive,
— d'Euville (Meuse)......	36 25	2 700	id.
— de Savonnières (Meuse).	39 75	1 820	Tendre, non gelive.
— de Jaumont (Moselle)...	34 00	2 100	id.
— de roche taillée........	32 00	2 700	Dure, non gelive.

La pierre de *Balin*, est employée pour les chassis de portes, de fenêtres, pour les angles, pour les corniches, et enfin pour tous les travaux placés au moins à 1 ou 2 mètres au-dessus du sol.

La pierre de *Reffroy* et d'*Euville* surtout sert aux travaux hydrauliques, aux soubassements des bâtiments, et dans tous les lieux humides ou exposés à l'humidité.

La pierre de *Savonnières* sert aux travaux de sculpture et d'ornementation. On l'emploie aussi en placage, pour les façades qui portent un grand nombre de moulures.

L'aspect général d'une pierre présente six faces : deux faces horizontales, qu'on nomment *lits;* deux faces latérales, qu'on appelle *joints,* et enfin deux faces verticales, perpendiculaires aux autres, qui prennent le nom de *parements.*

Une rangée de pierres de même dimension en hauteur, s'appelle *assise.* Deux pierres placées l'une contre l'autre, dans une même assise, doivent avoir des épaisseurs différentes. Celle qui a la plus petite dimension se nomme *carreau,* et celle qui a la plus grande largeur se nomme *boutisse.* Cette épaisseur des pierres prend le nom de *queue.* Quand la pierre fait toute l'épaisseur du mur, elle se nomme *parpaing.*

Les joints et les lits d'une pierre sont recouverts d'une couche de mortier, dont l'épaisseur varie de 2 à 5 millimètres.

Lorsque deux assises consécutives sont posées l'une sur l'autre, les joints de la première assise sont à une distance des joints de la seconde, de 10 centimètres au moins.

Taille de la pierre. Les faces d'une pierre doivent être dressées et dégauchies. Le parement est ordinairement en *taille finie;* quelquefois en *taille rustiquée,* avec ciselures au pourtour. Les lits et les joints sont rustiqués seulement.

Le prix du mètre carré de taille est, d'après un grand nombre d'expériences, sur les pierres dures, de :

1f 85c, pour un parement fini ;
1 25 , pour un parement rustiqué avec soin, avec ciselures ;
0 65 , pour les lits et les joints ;
2 45 , pour les parements courbes ;
0 95 , pour les deuxièmes tailles ;
2 50 , pour un parement de sciage.

Pose de la pierre de taille. Quand une pierre est taillée, on la charge sur une petite voiture à deux roues, appelée *diable,* et on la conduit à pied-d'œuvre. Là, on l'enveloppe d'une corde, puis on la monte au moyen d'une *chèvre* ou d'une *moufflette.* On la dépose sur des rouleaux placés sur l'échafaud, puis on la conduit à la place qui lui est assignée. Cette place doit être parfaitement propre, recouverte d'une couche de mortier d'*un centimètre* d'épaisseur. Au pourtour de la pierre, on place huit cales en bois de sapin, après quoi on pose la pierre de niveau, dans la position qu'elle doit occuper; on la frappe avec un maillet en bois, jusqu'à ce que le mortier souffle de toute part et ne laisse qu'un joint de 2 à 5 millimètres.

Quand les pierres seront posées dans l'eau, les cales seront en plomb, de 1 à 2 millimètres d'épaisseur. Les joints seront toujours coulés en ciment de Vassy, jamais en mortier.

Les trois opérations nécessaires pour la pose d'une pierre de taille se nomment : **bardage, montage** et **posage.**

Nous allons donner le temps et le prix des ateliers appelés à opérer ces trois genres de travail.

Le *bardage* demande :

2 maçons à 2f50 la journée....... 4f 60 } 10f60 pour 10 heures,
4 manœuvres à 1f50 la journée ... 6 00 }
ou 1f06 par heure.

Il faut à un semblable atelier, pour barder un *mètre cube* de pierre :

Chargement, 1h95 à 1f06 .... 2f 07
Conduite à 100m, 1h05 à 1f06 .... 1 10

Le *montage* se fait par 5 hommes :

2 maçons à 2f50 la journée....... 4f 60 } 9f10 pour 10 heures
3 manœuvres à 1f50 la journée ... 4 50 }
ou 0f91 par heure.

Avec un atelier ainsi organisé, il faut :

Pour lier la pierre, 1h80 à 0f91 .... 1f 64
Pour la monter à 2m, 0h30 à 0f91............. 0 27

L'atelier de *pose* demande 5 ouvriers :

5 maçons à 2f50................... 6f 90 } 9f90 pour 10 heures
2 manœuvres à 1f50 .... 3 00 }
et pour une heure, 0f99.

Recherche du prix de quelques travaux en pierre de taille.

Le mètre cube de carraudage d'Euville.

1mc10 de pierre à 36f25..................... 59f 87
0   020 de mortier à 9f19 .... 0 19
Main-d'œuvre : bardage à 200m 4 27
Pose, 4h à 0f99............................. 5 96
7mc20 de lits et joints à 0f65 .... 4 68
Total....... 52 97

Le mètre cube de chassis de fenêtres, en Balin, de 50c sur 20c.

1mc10 de pierre à 25f 27f 50
0   025 de mortier à 9f19.................... 0 25
Bardage à 200m........................... 4 27
A reporter........... 52 00

Report............ 52f 00

Montage à 6m en moyenne.................. 2 45
Pose, 5h à 0f99 .... 4 95
2me de lits à 0f65 .... 1 50

Total....... 40 70

Le mètre courant reviendra à.............. 4 07

Le mètre cube de corniche, de Balin, de 50c de hauteur et 50c de saillie.

1mc10 de pierre à 25f.................... 27f 50
0 025 de mortier à 9f19................. 0 25
Bardage à 200m.......................... 4 27
Montage à 10m 2 99
Pose, 6h55 à 0f99 .... 6 48

Total....... 41 47

Le mètre courant, 70c sur 50c 8 71

Le mètre cube de seuil, d'Euville, de 20c sur 40c.

1mc10 de pierre, à 56f25................. 59f 87
0 175 de mortier à 9f19................ 1 60
Bardage à 200m.......................... 4 27
Pose, 6h55 à 0f99....................... 6 48
1m80 de joints à 0f65................... 1 17

Total....... 85 59

Le mètre courant 4 27

Le mètre carré de dallage, en Balin, de 10c d'épaisseur.

1mq08 de dalles à 2f50.................. 2f 75
0 05 de mortier à 9f19................ 0 46
Bardage à 200m.......................... 0 52
Pose, 1h80 de maçon et manœuvre à 58c....... 0 68
 — 1 85 de tailleur de pierre à 50c 0 85

Total....... 4 76

Pour trouver la valeur de la taille, il faut rechercher la surface des parements finis, celle des parements rustiqués et celle des lits et joints. En appliquant les prix de l'unité, on aura le prix cherché.

Recherche du prix de taille, d'un mètre cube de carraudage.

Le carraudage pris pour exemple a 70c de longueur, 55c de hauteur et 50c d'épaisseur.

Parement fini, 0^m26 à 1^f85.......... 0^f48 }
Lits et joints, 0 41 à 0 65.......... 0 65 } 0^f89

Pour un mètre cube on aura................. 11 40
Pour un mètre carré de surface vue.......... 5 40

Le prix du mètre cube de chassis unis de croisée, l'ébrasement rustiqué se trouvera par le même moyen, mais en comptant les feuillures pour 16e de parement fini, on trouvera un prix de........................... 11^f24
Mais avec harpe.............................. 13 00
Mais l'ébrasement en taille finie............. 14 80
Le mètre courant de seuil, de 18^c sur 40^c........ 1 06
Le mètre carré de parement vu de seuil............ 2 65
Le mètre courant de boudin...................... 1 78
     — de corniche. On développe le profil des moulures, puis on applique par mètre carré........... 8 90

Le mètre carré de dalles, de 1^m00 sur 60^c et 15^c.

Parement fini, 0^m60 à 1^f85.......... 1^f11 }
Joints,   0 58 à 0 95.......... 0 35 } 1^f46

Le mètre carré de parement vu, sans sciage.... 2 41
     — avec sciage.... 4 71

§ X. Maçonnerie de briques.

La brique est une pierre artificielle, composée de terre argileuse et d'un peu de sable, pétrie et cuite au four, après avoir été jetée au moule.

Les briques sont de plusieurs espèces : les *briques ordinaires*, les *briques réfractaires* et les *briques tubulaires*.

La forme ordinaire de la brique est un parallélipipède de 22 centimètres de longueur, 11 centimètres de largeur et 54 millimètres d'épaisseur.

Les qualités d'une brique sont : d'avoir le grain fin et homogène dans sa cassure ; de rendre un son clair quand elle est frappée avec un corps dur ; de résister aux intempéries de l'atmosphère ; d'avoir les faces bien dégauchies, les arêtes vives et de ne pas absorber l'humidité.

Les briques se posent sur mortier de chaux et sable, en se liaisonnant entr'elles, de manière que les joints de deux assises consécutives ne soient pas en face les unes des autres.

Avant de poser une brique, on aura soin de la mouiller, afin qu'elle n'absorbe pas l'eau du mortier.

L'épaisseur du mortier garnissant les lits et les joints, ne doit pas avoir plus de 0^m01^c d'épaisseur.

Les murs faits en briques sont : 1° les *languettes* de cheminées, de 11 centimètres d'épaisseur, bâties avec mortier de chaux et sable, crépies à l'extérieur et enduites à l'intérieur, en ayant soin d'arrondir les angles ; 2° les *cloisons*, de 11 et 12 centimètres d'épaisseur ; 5° les *âtres pendants*, construits en forme de voûte très-aplatie, ayant leurs butées contre les bois du chevêtre ; 4° les *fourneaux* faits en briques réfractaires et terre argileuse réduite en pâte, et enduits en ciment rouge à l'extérieur ; 5° les *murs en briques*, dont l'épaisseur est de une brique en long, ou une brique en long contre une en large, ou deux briques en long l'une contre l'autre, etc.

Le prix du mille de briques ordinaires, est de .	27^{f}00
— — réfractaires, est de.	44 00
— — tubulaires, est de .	50 00
Le poids des premières est de	1 680
— secondes est de	2 600
— troisièmes est de	1 450

Recherche du prix des maçonneries de briques.

Le mètre carré de languettes de cheminées, de 11^c d'épaisseur.

61 briques à 27^f le 00/00	1^{f}65
0^{mc}05 de mortier à 9^{f}19	0 46
Main-d'œuvre : 1^{h}90 de maçon et manœuvre à 58^c	0 72
Total	2 80

Pour les *âtres pendants*, on ajoute 1/4 de main-d'œuvre en plus	2^{f}95
Pour les *murs de 22 centimètres* d'épaisseur	5 60
Pour les *voûtes de 22 centimètres* d'épaisseur, on ajoute 45^c.	6 05

Le mètre cube de mur, avec ouvertures dans la face.

605 briques à 27^f	16^{f}60
0^{mc}55 de mortier à 9^{f}19	5 82
Main-d'œuvre : 11^h de maçon et manœuvre à 58^c	4 18
Total	24 00

Le mètre cube de voûtes.

En plus : 2^{h}50 à 58^c	0 87
Total	24 87

CHAPITRE III.

§ I. De la charpente en général.

La charpente est l'art de construire, au moyen de bois assemblés, taillés et disposés suivant certaines règles, des *planchers*, des *combles* et des *pans de bois*.

C'est aussi avec la *charpente des échafaudages* que nous construisons nos édifices, c'est aussi avec des *cintres* en bois que nous établissons des voûtes, etc.

§ II. De la qualité des bois de charpente.

Dans notre pays, nous nous servons dans les constructions de deux essences de bois, le *sapin* et le *chêne*.

Le bois de sapin se trouve dans le commerce en grandes dimensions; il nous vient des Vosges par *flottes* charriées sur la rivière de la Meurthe.

Le chêne est tiré de nos forêts, mais en petites longueurs.

Les qualités du bois sont: d'être sain et à fil droit, d'être sans nœuds vicieux, sans taches de moisissures, sans traces de vers, sans aubier et sans fentes provenant de la gelée.

On s'assurera qu'une pièce de bois est saine, lorsqu'en la frappant avec un corps dur, elle rendra un son plein.

Le bois ne devrait être mis en œuvre qu'après trois ans d'abattage, afin d'éviter le retrait qui compromet la solidité des assemblages. On diminue aussi la charge sur les murs, car un mètre cube de bois coupé depuis trois ans, pèse 850 kilos, tandis que le bois vert pèse 1,180 kilos. Les saisons convenables pour l'abattage des bois sont le *printemps* ou l'*automne*.

§ III. Conservation des bois.

Divers moyens ont été proposés pour la conservation des bois. M. le docteur Boucherie a résolu le problème, en remplaçant la sève, au moment de l'abattage, par un *pyrolignite de fer*.

Le bois sec exposé aux intempéries de l'atmosphère peut se conserver, en le recouvrant d'une peinture à l'huile ou au goudron.

§ IV. Du débit des bois et de leurs dimensions.

Quand un arbre est abattu, on le découpe par tronçons, suivant certaines longueurs adoptées par l'usage; puis on les équarrit ensuite, et enfin on les refend en *planches*, en *travetés*, en *membrures*, etc.

Nous donnons plus loin le tableau des dimensions des bois employés dans la charpente.

Gros bois de sapin. Bois dits *pannes*, 16 à 24ᶜ d'équarrissage.

— Bois dits *recharges*, 24 à 55ᶜ d'équarrissage.

— Bois dits *sommiers*, 55 à 49ᶜ d'équarrissage.

Petits bois. Travetés, 8 à 11ᶜ d'équarrissage.

Planches. Les planches ont 22 à 52ᶜ de large, sur 5ᵐ57 à 5ᵐ90 de long, sur des épaisseurs qui varient de 27 à 54 millimètres.

Gros bois en chêne. Ils varient de 15 à 25ᶜ d'équarrissage.

Petits bois. Travetés de 8, 11 et 14ᶜ d'équarrissage.

Planches. Elles ont 24ᶜ de largeur, pour les épaisseurs, 27, 55 et 40 millimètres, et 55ᶜ pour les épaisseurs, 47, 54, etc., millim.

Les bois dont l'écorce n'est pas enlevée, se nomment *bois en grume*, c'est ainsi que le chêne s'achète dans les ventes de forêts. Pour mesurer le bois en grume, on prend un ruban divisé, que l'on applique sur le contour du tronc, dans le milieu de sa longueur; on prend le 1/6ᵉ de la dimension trouvée, que l'on soustrait de celle-ci; le reste est ensuite divisé par 4. Le nombre trouvé sera la dimension de chacun des côtés de la pièce à vives arêtes qu'on pourra tirer de l'arbre. Si maintenant on multiplie ce côté par lui-même et ensuite par la longueur de la pièce, on aura le cube cherché.

Exemple. *Un tronc d'arbre à 5ᵐ de longueur, 78ᶜ de circonférence au milieu de la longueur. Quel est le cube de la pièce qu'on pourra tirer au 6ᶜ réduit?*

Le 6ᵉ de 78ᶜ est 15ᶜ; retranchez 15 de 78, reste 65, dont le 1/4 est de 16ᶜ 25, ou bien le côté de la pièce équarrie. Multipliez 0ᵐ1625 par 0ᵐ1625 et par 5ᵐ, vous trouverez 0ᵐᶜ1520 ou *un décistère et trois centistères.*

§ III. **Prix des bois.**

Nous donnons ci-dessous le prix des bois de charpente rendus à pied-d'œuvre.

Bois de chêne équarri au 6ᵉ réduit, le mètre cube	71ᶠ00
Bois de sapin, pannes de 16 à 24ᶜ d'équarrissage	28 50
— recharges de 24 à 55ᶜ d'équarrissage	52 50
— sommiers de 55 à 49ᶜ —	57 50

Planches ordinaires de chêne, de 25ᶜ de large, le mètre courant.

Entrevoux de 27 millimètres d'épaisseur	0ᶠ60
Planche 55 — —	0 75
— 40 — —	0 90

Planches de sapin, de 21ᶜ de large, sur 5ᵐ57 de long et 27 millimètres d'épaisseur.

Planches ordinaires, sans trous ni crans, la planche,	1ᶠ00
— — avec trous et crans, —	0 85
Chons de 16ᶜ de large, pour plâtrer, —	0 49
Lattes de 4 dans la planche de 5ᵐ57, —	0 80
Travetés en chêne, de 8ᶜ d'équar., le mètre courant.	0 45

Travetés en chêne, de 11ᶜ d'équar., le mètre cour¹.　0ᶠ 75
Membrures　—　8 sur 16ᶜ —　　　—　　0 90

Travetés en sapin ; de 3ᵐ57 de long.

8ᶜ d'équarrissage ....　1ᶠ 20
11ᶜ　　—　　..........................　1 90

§ V. De la force des bois.

Les bois qui sont placés, soit verticalement, soit horizontalement, ont à supporter des fardeaux qui tendent à les rompre dans un temps plus ou moins long. Il est donc urgent de proportionner les dimensions de ces bois avec le poids dont ils sont chargés.

Si la pièce est verticale, l'effort a lieu suivant la direction des fibres et se nomme *effort par pression.*

Le poids qui produit la rupture, lorsque la hauteur de la pièce varie de 11, 10 et 9 fois la plus petite dimension de l'équarrissage, est de :

5 kilos par millimètre carré de section, pour le chêne, pour le 11 ;
5 kilos 20　　　　—　　　　　—　　　　　—　　　　10 ;
7 kilos 25　　　　—　　　　　—　　　　　—　　　　　9.

Pour les constructions *permanentes*, on ne peut faire supporter à une pièce de bois que le *dixième* du poids qui produit la rupture, et le *cinquième*, si les travaux sont provisoires.

Le plus généralement, les bois sont placés horizontalement. Les uns reposent librement sur deux appuis, comme les *entraits* de ferme, les *arbalétriers*, etc. ; les autres sont encastrés aux deux extrémités dans les murs, comme les *poutres*, les *travures* ou *solives*, etc.

Nous donnons ci-dessous une table dressée d'après les belles expériences de MM. Chevandier et Verztheim, faites sur les bois de sapin et les bois de chêne des Vosges.

Les pièces qui ont été soumises à l'épreuve étaient placées librement sur deux appuis et la charge était posée sur le milieu de la longueur des pièces. Ces pièces ont donné les résultats suivants :

ESSENCE DES BOIS.	Longueur des pièces entre les appuis.	Équarriss.		Charge au millim. lieu qui a produit la rupture.	OBSERVATIONS.
		Largeur.	Épais.		
Sapin des Vosges.	13ᵐ 00	29ᶜ0	32ᶜ4	6,404 k.	La densité est de 506 à 548.
—	11. 00	25.5	28.4	5,394	
—	9. 00	22.5	24.5	5,447	
—	9. 00	17.0	19.6	2,082	
Chêne des Vosges.	5. 50	23.2	25.5	7,889	
—	5. 50	21.7	25.7	7,189	
—	5. 50	19.0	22.0	6,225	La densité varie de 922 à 1,008.
—	5. 50	16.0	18.9	3,525	
—	5. 50	13.7	16.4	2,225	

Les résultats ci-contre sont applicables aux bois de chêne et de sapin des Vosges.

D'après ce tableau et d'après un grand nombre d'auteurs, on a trouvé les relations suivantes :

1° *Que deux pièces de même équarrissage, chargées en leur milieu, se rompaient sous des poids différents, dans le rapport inverse des longueurs ;*

2° *Que deux pièces de même longueur et de même épaisseur supportaient des charges, dans un rapport direct avec leur largeur ;*

3° *Que deux pièces de même longueur et de même largeur sont entr'elles, pour les poids qu'elles supporteront, dans le rapport direct avec le carré de leur épaisseur.*

Il suit de cette dernière donnée, *que deux pièces de même longueur et de même volume, donneront des résultats différents, pour les poids dont elles seront chargées.*

Si P représente la pression ou le poids qui a rompu la 1re pièce ;

p — — — qui doit rompre la 2e pièce ;

L — la longueur de la 1re pièce ;

l — — 2e pièce ;

G — la largeur de la 1re pièce ;

g — — 2e pièce ;

E — l'épaisseur de la 1re pièce ;

e — — 2e pièce ;

on aura : $P : p :: l : L :: G : g :: E^2 : e^2,$

Faisant le produit des extrêmes égal au produit des moyens, il vient :

$$P \times L \times g \times e^2 = p \times l \times G \times E^2$$

$$\text{ou } P : p :: \frac{E^2 \times G}{L} . \frac{e^2 \times g}{l}$$

La formule générale d'après cette loi, sera :

$$P : p :: \frac{E^2 \times G}{L} . \frac{e^2 \times g}{l}$$

Dans laquelle il sera facile de trouver la valeur d'une de ces lettres, connaissant la valeur de toutes les autres.

EXEMPLE. *Deux pièces de chêne ont chacune 5^{m}50. La première a 0^{m}19 de large sur 0^{m}22 d'épaisseur ; la seconde a 0^{m}14 de large sur 0^{m}50 d'épaisseur. Quel sera le poids que pourra supporter chacune de ces pièces ?*

Dans la table ci-dessus, nous trouvons que la première pièce s'est rompue sous un poids de 2,665 kilog.

Si nous remplaçons, dans la formule ci-dessus, les lettres par leur valeur, nous aurons :

$$6225 \times 550 \times 14 \times 50^2 = p \times 550 \times 19 \times 22^2$$

$$\text{d'où } p = \frac{6225 \times 14 \times 50^2}{19 \times 22^2} = 8529 \text{ kilog.}$$

La première pièce dont la section transversale est de $0^{mq}042$ s'est rompue sous une charge de 6,225 kilos.

La seconde pièce, dont la section transversale est la même, ou $0^{mq}042$, se rompra seulement sous une charge de 8,529 kilos.

On voit parfaitement qu'à volume égal l'avantage qu'il y a d'employer des bois posés de champ, c'est-à-dire sur leur petite face.

Si les pièces de bois sont encastrées aux deux extrémités, elles supporteront une charge *double*.

Si la charge est répartie uniformément sur toute la longueur de la pièce, le poids sera *quadruple* du premier ou *double* du second.

Pour la sécurité des bâtiments, on ne devra faire porter aux pièces qui y seront employées, que le *cinquième au minimum* et le *dixième au maximum*, du poids qui doit produire la rupture.

§ VI. Des planchers.

Le plancher est un système de charpente disposé dans le but de former le sol d'un étage.

Un plancher se compose de pièces de bois appelées *solives* ou *travures*, ayant leurs points d'appui dans l'épaisseur des murs et espacées entre elles d'une longueur qui varie de 60^c à 120^c d'axe en axe. Cette distance variable est en rapport avec les poids dont un système de plancher est chargé ; elle est aussi en rapport avec la longueur de la planche de sapin de 5^m57, pouvant donner de *trois* à *six intervalles égaux*.

La portée des encastrements est environ la moitié de l'épaisseur du mur. On doit éviter de prendre les points d'appui au-dessus des couvertes des portes ou des fenêtres.

La disposition d'un plancher est indiquée dans le plan ci-joint. Le nom de chaque pièce est écrit sur chacune d'elle.

Nous donnons aussi ci-dessous, d'après le tableau plus haut, les dimensions de toutes les pièces qui composent ce plancher.

Solives ou travures,
Solives d'enchevêtrure,
Lambourdes,
Linçoirs ou gonds,
Solives de remplissage,
Chevêtre de cheminée,

0^m50 d'épaisseur sur 0^m15 de largeur.

Les bois sont supposés sciés en deux et posés de champ.

Dans les habitations ordinaires, on compte 200 kilog. par mètre carré de surface de plancher, pour la charge maximum.

Lorsque la portée ou la distance entre les points d'appui dépasse de 6 à 7 mètres, il est prudent de diviser l'intervalle en deux parties, par une forte poutre ou sommier, aux flancs de laquelle on broche des lambourdes pour recevoir les extrémités des solives. Voir le même plan en A.

3.

Sur une charpente établie dans ces conditions, on pose un plancher en planches brutes de sapin, assemblées à rainures et languettes et fixées sur les solives par des pointes de 54 millimètres de longueur. Au-dessous de ces solives, on forme une aire en planches de chons, fendus à la hache, en trois parties au moins et fixées par des pointes à chaque solive. Ce plafond doit être parfaitement de niveau, aussi est-on forcé, bien souvent, de faire des callages, en clouant les planches bien droites sur un des champs, sur le flanc de chaque solive.

Quand le premier plancher brut est bien établi, vous tracez facilement la distribution des appartements, l'emplacement des portes, celui des cabinets, des dégagements, etc. Sur ce tracé, vous élevez verticalement les cloisons en planches brutes ou en chons fendus à la hache, que vous fixez en haut et en bas contre des liteaux.

Ces premières planches posées, qu'on nomme *montants,* sont doublées dans un sens inverse, par des chons fendus, pointés contre les autres. Ce doublement a lieu, quand la hauteur de l'étage est de 2^{m}50 et moins. Au-delà de cette dimension, les cloisons doivent être triplées.

Les cloisons sont maintenues près des murs, par des pattes en fer, au nombre de trois à quatre dans la hauteur. Les angles formés par deux cloisons qui se rencontrent sont consolidés par des équerres en forte tôle, de 0^{m}15 de branche, fixées avec des clous. On en place trois dans l'intérieur de l'angle et deux à l'extérieur.

§ VII. Des combles.

La partie supérieure des habitations doit recevoir un système de couverture, de manière à garantir l'intérieur des influences atmosphériques. Ces couvertures qui prennent le nom de *toitures,* reposent sur une disposition de charpente appelée *comble.*

Le comble est composé de différentes parties, qui sont : les *fermes,* les *pannes,* les *chevrons* et le *lattis.*

Fermes. Une ferme est un assemblage de pièces de bois réunies entr'elles par des tenons et des mortaises, puis chevillées ou boulonnées, de manière à faire un tout rigide.

Les pièces de bois qui entrent dans la composition d'une ferme, sont : l'*entrait,* les *arbalétriers,* le *poinçon* et les *liens,* comme l'indique le dessin ci-joint.

Lorsqu'on veut avoir de vastes greniers, on dispose les pièces de bois, de telle sorte que la hauteur libre soit au moins de 2^{m}00; pour cela, on établit des *jambes de force,* des *blochets* et un *faux entrait.* On nomme ces fermes, *fermes retroussées.* Ci-joint est un dessin de ce genre de charpente.

On fait maintenant des fermes au moyen de courbes en planches de sapin, posées l'une contre l'autre et pointées; ou bien, les unes sur les autres à plat, et boulonnées de distance en distance; les premières sont dites à la Philibert de Lorme, et les autres, d'après le système du colonel Emy.

Dans le tableau ci-dessous, nous donnons les dimensions ordinaires d'une *ferme*, de l'un et de l'autre genre.

DÉSIGNATION DES PIÈCES.	FERMES SIMPLES.			FERMES RETROUSSÉES.		
	Larg. du bâtiment			Largeur du bâtiment.		
	6ᵐ	9ᵐ	12ᵐ	6ᵐ	9ᵐ	12ᵐ
Entrait.........équariss.	0ᵐ27	0ᵐ32	0ᵐ35	0ᵐ27	0ᵐ32	0ᵐ35
Faux entrait............	«	»	»	0 21/0 10	0 23/0 12	0 27/0 13
Arbalétriers et poinçons....	0 20	0 25	0 30	0 18	0 22	0 27
Jambes de force et blochets.	0 20	0 25	0 30	0 18	0 22	0 27
Liens....................	0 15	0 16	0 17	0 15	0 16	0 17

La distance entre chaque ferme varie de 3 à 4 mètres.

Quand les bois ne sont pas assez longs, on les assemble bout à bout, au moyen d'un assemblage appelé *trait de Jupiter*, comme au dessin ci-joint.

Au lieu d'assemblages à tenons et mortaises, le colonel Ardant est d'avis, de faire des épaulements simples, garnis d'une feuille de plomb et de réunir les pièces au moyen d'un boulon, comme l'indique la figure ci-contre.

Pannes. Les pannes sont des pièces de bois posées horizontalement en travers des fermes. Elles reposent sur les arbalétriers et y sont maintenues par de petits morceaux de bois taillés en bec de flûte, nommés *échantignolles*, brochés sur les arbalétriers.

Les pannes qui sont assemblées sur les poinçons, se nomment *pannes faitières;* celles qui sont sur les arbalétriers, s'appellent *pannes de flancs.*

Les équarrissages des pannes et des échantignolles sont de 0ᵐ19, 0ᵐ20 et 0ᵐ22.

Chevrons. Perpendiculairement aux pannes, on pose des chevrons, soit de *brin*, soit de *sciage*, de 10 à 12 centimètres d'équarrissage. On les fixe à chaque panne par une forte broche en fer, de 20ᶜ de long. La distance entre deux axes consécutifs de chevrons est de 61ᶜ, 71ᶜ et 89ᶜ au plus.

Lattis. Sur les chevrons on établit un lattis suivant le genre de couverture adopté. Chaque latte est fixée aux chevrons par une pointe de 54 millimètres d'épaisseur.

On évalue en général, que la quantité des bois, en *mètres cubes*, dépensée dans une charpente, est, par mètre carré de couverture :

1° Pour les tuiles creuses...................... $0^{mc}058$;
2° Pour les tuiles plates...................... 0 063 ;
3° Pour les tuiles mécaniques.............. 0 050 ;
4° Pour l'ardoise........................... 0 056 ;
5° Pour le zinc............................. 0 042.

La pente à donner aux combles, est de :

0^m52 au moins et 0^m52 au plus, pour la tuile creuse et la tuile mécanique ;

0^m04 au moins et indéfini, pour la tuile plate ;

0 05 — — pour le zinc ;

0 57 — — pour l'ardoise.

§ VIII. **Des pans de bois.**

Les pans de bois remplacent la maçonnerie dans les constructions. Ce genre de bâtiment se fait dans les pays privés de carrières de pierre à bâtir et dont le bois est fort commun.

Un pan de bois se compose : de *poteaux corniers*, de *sommiers*, de *sablières*, de *poteaux d'huisserie* et de poteaux de *remplissage*.

Dans le dessin ci-contre, nous avons donné un pan de bois avec le nom de chaque pièce.

Nous donnons ci-dessous l'équarrissage de ces pièces :

Poteaux corniers............équarrissage. 24 à 27ᶜ
Sablières .... 22 à 24
Poteaux d'huisserie...................... 19 à 22
Poteaux de remplissage, dont l'écartement
    varie de 22 à 27ᶜ...................... 16 à 22
Croix de Saint-André, décharges et guettes.. 16 à 22

§ IX. **Prix de quelques travaux de charpente.**

Recherche du mètre cube de charpente de bois de sapin, de 16 à 24ᶜ d'équarrissage, sans assemblages.

1ᵐᶜ15 de bois de sapin à 28ᶠ50 .... 52ᶠ20
Main-d'œuvre : façon, 17ʰ à 0ᶠ25...... 5ᶠ91 ⎫
    Transport .... 1 48 ⎬ 7 46
    Pose, 9ʰ à 0ᶠ25......... 2 07 ⎭

Total....... 59 66

Recherche de la même charpente, avec assemblages.

1ᵐᶜ15 de bois de sapin à 28ᶠ50................. 52ᶠ20
Main-d'œuvre : façon, 54ʰ40 à 0ᶠ25 ... 7ᶠ91 ⎫
    Transport .... 1 20 ⎬ 10 99
    Pose, 8ʰ15 à 0ᶠ25....... 1 88 ⎭

Total....... 45 19

Le mètre courant de chevrons, de 0ᵐ10 d'équarrissage.

1ᵐ08, chevron à 0ᶠ56	0ᶠ40
Broche de 20ᵉ...............................	0 06
Main-d'œuvre : pose, 0ʰ40 à 0ᶠ23.............	0 09
Total.......	0 55

Le mètre carré de lattis, pour tuiles creuses.

4ᵐ40 de lattes à 0ᶠ037	0ᶠ231
Main-d'œuvre : pose, 0ʰ10 à 0ᶠ23.............	0 023
Pointes	0 060
Total.......	0 354

Le mètre carré de premier plancher, assemblé à rainures et lan-guettes.

1 1/2 de planche ordinaire, à 0ᶠ85 la planche...	1ᶠ27
Déchet, 1/10ᵉ...............................	0 15
Main-d'œuvre : façon, 0ʰ95 à 0ᶠ23 l'heure......	0 15
Pose, 1ʰ10 à 0ᶠ23...............	0 23
Total.......	1 77

Le même, les planches blanchies d'un côté.

1 1/2 de planche ordinaire, à 0ᶠ90	1ᶠ35
Déchet, 1/10ᵉ...............................	0 14
Main-d'œuvre : façon, 1ʰ70 à 0ᶠ23 l'heure......	0 59
Pose, 1ʰ50 à 0ᶠ23 l'heure	0 59
Total.......	2 18

Si elles sont *blanchies des deux côtés,* on ajoutera 0ʰ50 à 0ᶠ22 ou 2ᶠ25.

Le mètre carré de cloisons, en chons fendus à la hache.

1 1/2 de chons à 0ᶠ49	0ᶠ73
Main-d'œuvre : pose, 1ʰ à 0ᶠ23...............	0 23
Total.......	0 96

Si c'est en planches de rebut, il faut ajouter 0ᶠ22 ou 1ᶠ18.

§ X. Mesurage des bois.

La mesure des bois de charpente se prendra carrément ou d'é-querre, au milieu de la pièce mise en œuvre. La longueur des bois, se comptera, en ajoutant à sa longueur apparente : 0ᵐ25 pour la portée des solives encastrées dans les murs ; 0ᵐ10 pour les tenons, etc.

Dans les cloisons neuves, on déduira les vides ; dans les vieilles, on ne fera pas déduction des ouvertures. Il en sera de même pour les plafonds.

Dans les planchers, tous les vides seront déduits.

CHAPITRE IV.

§ I. **Des couvertures.**

Les matériaux employés pour couvrir les toits des maisons, sont :
la *tuile creuse*, la *tuile plate*, la *tuile mécanique*, l'*ardoise* et le *zinc*.

Tuiles. Les tuiles sont des pierres artificielles, composées principalement d'argile et d'un peu de sable et obtenues par la cuisson.

Les qualités d'une tuile, sont : de rendre un son clair lorsqu'on la frappe avec un corps dur, d'avoir le grain fin et serré dans la cassure, de ne pas absorber l'humidité, et enfin d'avoir une couleur rouge ou blanc sale.

Nous donnons ci-dessous le nom des tuiles, leurs dimensions, le nombre nécessaire pour couvrir un mètre carré, et enfin le poids du mètre carré.

DÉSIGNATION.	DIMENSIONS.	Nombre par mètre carré.	Poids par mètre.	Prix du mille.
Tuiles creuses....	0^{m}40 sur 0^{m}16.	44	70 k.	56 f. 00
Tuiles plates	0^{m}30 sur 0^{m}155.	60	66	40 00
Tuiles mécaniques.	0^{m}39 sur 0^{m}225.	14	55	140 00

Ardoises. L'ardoise est une pierre schisteuse, d'une couleur bleue foncée ou bleue rougeâtre.

Les qualités d'une ardoise, sont : d'être dure et sonore pour résister aux chocs, d'être compacte afin de ne pas être traversée par l'humidité. Si après une immersion prolongée, une ardoise n'augmente pas de poids, c'est une preuve qu'elle est de bonne qualité.

Les ardoises desquelles on se sert dans notre pays, proviennent des ardoisières de Fumay et de Trèves ; leur durée est de 80 à 100 ans.

Les ardoises posées se recouvrent de 2/5 environ de leur longueur, de manière à ne laisser à découvert que 1/5, qu'on nomme *pureau*. Elles sont fixées sur un plancher en planches brutes posées jointives, et retenues par deux clous.

Les dimensions des ardoises, sont : 0^{m}28 sur 0^{m}19 pour les petites ; 0^{m}30 sur 0^{m}20 pour les grandes. Le nombre qu'il faut par mètre carré, est de 59 de petites et 50 de grandes.

L'épaisseur de l'ardoise, pour une bonne couverture, est de 0^{m}007 ; le poids du mètre carré est de 59 kilos.

Zinc. Le zinc est un métal d'un gris bleu, malléable entre 120°

et 180°. Sa densité est de 7,190. Il se trouve dans le commerce en feuilles portant les numéros 12, 13, 14 et 15. Le prix des 100 kilos est de 103ᶠ.

Nous donnons ci-dessous, les dimensions, le poids et le prix des feuilles.

DÉSIGNATION.	DIMENSIONS.			Poids d'une feuille.	Prix d'une feuille.
	Long.	Larg.	Epais.		
Zinc n° 12	2ᵐ00	0ᵐ80	0ᵐ0007	7 k. 50	7 f. 75
— n° 13	2 00	0 80	0 0008	8 50	8 75
— n° 14	2 00	0 80	0 0009	9 55	9 80
— n° 15	2 00	0 80	0 0010	10 50	10 80

La dilatation linéaire du zinc varie de 0ᵐ0029 à 0ᵐ031, depuis 0° jusqu'à 100°.

La pose d'une feuille de zinc se fait en relevant les bords latéraux, de manière qu'ils viennent s'appliquer contre des liteaux en bois, cloués sur le plancher. On recouvre les deux rebords et la latte par un chapeau en zinc, que l'on fixe avec des clous en zinc sur le liteau. Dans la hauteur, les feuilles sont maintenues entre elles par des crochets en zinc, soudés en haut de la feuille inférieure.

Les feuilles peuvent aussi être agraffées entre elles, par un simple ourlet formant chenal.

Le zinc sert aussi pour les tuyaux de descentes, parcequ'il ne s'oxide pas comme le ferblanc.

§ II. Recherche du prix des couvertures.

Le mètre carré de tuiles creuses.

46 tuiles à 36ᶠ............................... 1ᶠ65
Déchet, 1/16ᵉ............................... 0 12
Main-d'œuvre : { Montage...... 0ᶠ14 } 0 21
             { Pose......... 0 07 }

                           Total....... 2 08

Le mètre carré de tuiles mécaniques.

14 tuiles à 0ᶠ140........................... 1ᶠ96
Déchet, 1/15ᵉ............................... 0 15
Main-d'œuvre : { Montage...... 0ᶠ07 } 0 13
             { Pose......... 0 06 }

                           Total....... 2 22

Le mètre carré d'ardoises, à 1/3 de pureau.

61 ardoises à 6ʳ le 0/0........................	5ʳ 66
150 clous à 2ʳ50 le 00/00......................	0 55
Main-d'œuvre : { Montage...... 0ʳ10 {	1 10
{ Pose........ 1 00 {	
Total.......	5 09

Le mètre carré de zinc.

1ᵐ20 de zinc nº 12 à 4ʳ70	5ʳ 64
2 80 de lattes et pointes.....................	0 17
Main-d'œuvre : 1ʰ à 0ʳ27.....................	0 27
Total.......	6ʳ 08

§ III. Mesurage de la couverture.

Les couvertures seront mesurées pour ce qu'elles sont en œuvre, en déduisant les vides et l'emplacement des lucarnes, des tuyaux de cheminées, etc. Il ne pourra rien être ajouté sous aucun prétexte.

Les arêtiers et les faîtages se compteront au mètre courant, ainsi que les couvres au pourtour des cheminées et le long des murs.

CHAPITRE V.

§ I. De la ferblanterie.

Dans les bâtiments on emploie la ferblanterie, pour les chanlattes, les corps pendants, les noues, les bavettes, les arêtiers, etc.

Le métal duquel on se sert est le ferblanc ; c'est une feuille mince de tôle recouverte sur les deux faces d'une couche d'étain.

Nous donnons ci-dessous les dimensions et le prix du ferblanc.

	Largeur.	Longueur.	Prix.
Ferblanc X...........	0ᵐ24	0ᵐ55	0 f. 45
— XX.........	0 24	0 55	0 47
— XT.........	0 24	1 00	1 29
— XXT........	0 24	1 00	1 41

Pour les chanlattes, on les courbe suivant une demi-circonférence et on les soude les unes au bout des autres. On fixe le chenal ainsi formé contre une planche dite de *gouttière* et sur des crochets en fer cloués sur ladite planche. La distance entre chaque crochet est de 0ᵐ66. Ils se paient 0ᶠ25 la pièce.

La face intérieure et la face extérieure des chanlattes sont recouvertes de peinture à l'huile.

Le corps pendant se fait aussi en ferblanc, mais plus souvent en zinc, d'un diamètre de 7 à 10ᶜ, coûtant le mètre courant posé, 2ᶠ00. Les crochets pour le maintenir sont en fer et scellés dans le mur. Le prix d'un crochet posé est de 0ᶠ25. Ceux à charnières se paient 0ᶠ75.

Les noues et les bavettes se font aussi en zinc, au mètre carré, à 6ᶠ08, ou à la feuille de ferblanc au prix de 0ᶠ50ᶜ.

CHAPITRE VI.

§ I. **De la plâterie.**

Plâtre. Le plâtre est un sulfate de chaux ou gypse. Par la calcination, on lui enlève son eau de cristallisation, puis on le réduit en poudre. C'est ainsi qu'on le trouve dans le commerce.

Lorsqu'on veut employer le plâtre, il faut le délayer dans l'eau. En lui rendant son eau de cristallisation, il forme une pâte très-solide au bout de peu d'instants. Il faut profiter du moment où il est à l'état de pâte coulante pour le poser.

Le plâtre provenant des fours de Saint-Nicolas (Meurthe) est gris ; il se vend 2ᶠ70 l'hectolitre ou 1ᶠ55 le sac de 50 litres.

Le plâtre de Château-Salins et des environs est blanc ; il se vend 5ᶠ00 l'hectolitre ou 1ᶠ50 le sac de 50 litres.

Le plâtre de Paris, duquel on fait peu d'usage à Nancy, se vend 5ᶠ00 l'hectolitre.

Le plâtre ne peut être employé que dans les lieux secs et à l'intérieur, pour les plafonds, les cloisons et les enduits de murs. Il adhère très-bien à la pierre. Sur le bois il faut poser des lattes minces, en sapin, de 4 à 5 centimètres de distance les unes des autres, pour que le plâtre s'y accroche fortement. Les lattes sont posées obliquement aux chons sur lesquels elles sont fixées par des pointes.

Les plafonds sont d'abord couverts d'une couche de plâtre gris, de *un centimètre d'épaisseur*, au moins, puis d'une seconde couche de plâtre blanc, de *deux millimètres* d'épaisseur.

Il faut environ, 10 à 15 jours, en été, pour sécher les enduits, de 1 centimètre à 1 centimètre 1/2 d'épaisseur. En hiver, par les temps pluvieux, il faut se garder de faire de la plâterie. Cependant, par une forte gelée, on pourra plâtrer, mais aux conditions suivantes : d'avoir la facilité de faire du feu, d'ouvrir les fenêtres de temps en temps et de terminer sans interruption une seule face dans une journée.

§ II. **Prix en usage pour les travaux de plâtrerie.**

Enduits sur murs, en gris...................... 0ᶠ45
    —   en gris et blanc 0 70
Enduits sur cloisons et plafonds, en gris....... 0 70
    —   —   en gris et blanc. 0 90
Le mètre carré de développement de cadres, de
 bordures, de corniches, etc................ 8 00

CHAPITRE VII.

§ I. **Carrelages et dallages factices.**

Les carreaux employés dans les constructions proviennent des tuileries et des briqueteries. Ils se fabriquent comme les briques, seulement, la terre est mieux préparée et purgée de matières étrangères.

Les carreaux ont 0^m14 et 0^m16 de côté. Le mille se vend 58ᶠ00.

Le carreau se pose sur une couche en mortier de 3 à 4 centimètres d'épaisseur; on ne laisse entre les carreaux qu'un joint de 1 à 2 millimètres au plus.

§ II. **Recherche du prix de carrelage.**

Le mètre carré de carrelage de cuisine, les carreaux de 0^m16 de côté.

51 carreaux à...... 0ᶠ058 = 2ᶠ58 ⎫ 2ᶠ76
$0^{mc}045$ de mortier, à   9ᶠ19 = 0 58 ⎭
Main-d'œuvre : 1ʰ75 à 0ᶠ58.................. 0 64
         Total....... 3 30

Pour une âtre de cheminée, la main-d'œuvre est
* double, ou* 3 94

Le mètre carré de carrelage de cuisine, en briques polies, en poterie.

50 briques à 58ᶠ00 le 00/00.................. 1ᶠ95
$0^{mc}045$ de mortier à 9ᶠ19.................. 0 58
Main-d'œuvre : 3ʰ30 à 0ᶠ58.................. 1 22
         Total....... 3 55

Bitume. On emploie aussi le bitume pour couvrir l'aire des cuisines, des couloirs, des vestibules, des cours, etc.

Le bitume est une substance composée de carbone, d'oxigène et d'hydrogène. Il est solide à la température ordinaire et devient pâteux à la température de 50 degrés. Dans cet état, on le pose sur un massif en béton, préparé deux jours à l'avance.

Au moment de la fusion, on mélange avec le mastic, du *sable siliceux,* bien sec, pour donner au produit fabriqué de la dureté. Lorsqu'il est posé, on répand encore sur sa surface, du sable, afin qu'il s'use moins vite par le frottement et aussi pour qu'il ne se ramollisse pas sous l'influence des rayons solaires.

Lorsque le bitume est naturel on le nomme *asphalte ;* lorsqu'il est artificiel, il prend le nom de *goudron minéral.*

Les 100 kilos d'asphalte, se paient 12^f.

— de goudron minéral, se paient 25^f.

Le mètre cube de bitume pèse de 1000 à 1600 kilogrammes.

Béton. On fait aussi des pavés en béton. On mélange 0^{mc}70 de cailloux, de 5 centimètres de diamètre, avec 0^{mc}60 de mortier ; le produit donne un mètre cube. On brasse le tout avec des griffes en fer jusqu'à ce que les cailloux soient recouverts entièrement de mortier.

La matière ainsi préparée, on la pose par couche de 0^{m}10 à 0^{m}15 d'épaisseur, en la dammant fortement avec une spatule en bois.

Recherche d'un pavé en béton, de 0^{m}20 d'épaisseur, le mètre carré.

0^{m}024, cailloux à 3^f......................	0^{f}07
Mortier à 9^{f}19............................	0 71
Main-d'œuvre : façon et pose, 0^{h}90 à 0^{f}58......	0 54
Total.......	1 12

CHAPITRE VIII.

§ I. De la menuiserie.

L'ornementation de l'intérieur d'un bâtiment regarde principalement la menuiserie ; c'est assez dire l'importance qu'il faut attacher, pour trouver des ouvriers intelligents pour ce genre de travail et pour choisir des matériaux de première qualité.

La menuiserie comprend : les *cloisons,* les *planchers,* les *parquets,* les *croisées,* les *persiennes,* les *portes,* les *lambris,* etc.

§ II. Des bois de choix.

Le bois de menuiserie doit être de choix ; c'est-à-dire bien sec, de 5 à 6 ans de coupe, au moins ; il doit être vif, de fil droit, sans nœuds, sans aubier et sans piqûres de vers.

Les bois de sapin et de chêne sont les seuls employés en menuiserie. Ils sont de divers échantillons sous le rapport des longueurs, des largeurs et des épaisseurs.

Nous donnons ci-dessous le nom des bois, leur mesure et leur prix.

DÉSIGNATION DES BOIS.	DIMENSIONS.			PRIX du mètre courant.
	Long^r.	Larg^r.	Epaiss^r.	
Sapin.				
Planches 1/2 nettes	3^{m}57	0^{m}25	0^{m}027	0^{f}59
— nettes........	5 57	0 25	0 027	0 42
Chêne.				
Feuillets............	1 00	0 25	0 015	0 65
Entrevoux	1 00	0 25	0 027	0 80
Planches............	1 00	0 25	0 054	0 90
—	1 00	0 25	0 040	1 05
Doublettes	1 00	0 55	0 054	2 00
Membrures	1 00	0 16	0 080	1 20
Travetés............	1 00	0 08	0 08	0 50
—	1 00	0 11	0 11	1 00
—	1 00	0 14	0 14	1 50

§ III. Des cloisons en planches.

Dans cet article, on comprend : les planches assemblées ou non, à rainures et languettes ; blanchies d'un côté ou des deux côtés. Tels sont : les planchers, les cloisons, les rayons de tablettes, etc.

Recherche du prix de ces sortes d'ouvrages.

Le mètre carré de planches blanchies d'un côté et dressées sur les rives.

4^{m}50 de planche nette de sapin à 0^{f}42 .... 1^{f}81

Main-d'œuvre : { Façon, 1^{h}55 à 0^{f}24 = 0^{f}52 } . 0 57
{ Pose, 1^{h}05 à 0^{f}24 = 0^{f}25 }

Total....... 2 58

Pour les blanchir au deuxième côté, il faut ajouter 0^{h}70 à 0^{f}24, ou 0^{f}17, ci 2 55

Le mètre carré de planches rabotées d'un côté et rainées.

4^m60 de planche nette de sapin à 0^f42 . . . . 1^f 93

Main-d'œuvre : { Façon, 1^h65 à 0^f24 = 0^f41 } . 0 72
{ Pose, 1^h30 à 0^f21 = 0^f31 }

Total 2 65

Pour le chêne, il faut 4^m95 de planches, aux prix portés ci-dessus, et la main-d'œuvre est augmentée de 1/2 sur celle du sapin et la pose de 1/3e.

Le mètre courant employé en ébrasement, de 0^m24 de large, ou en plinthe, en sapin.

1^m25 de planche 1/2 nette de sapin à 0^f38 . . . . . . 0^f 46

Main-d'œuvre : { Façon, 0^h55 à 0^f24 = 0^f13 } . 0 27
{ Pose, 0^h60 à 0^f24 = 0^f14 }

Total 0 73

§ IV. Des parquets.

Les parquets sont des planchers faits en petits morceaux de bois, par compartiments, et avec le plus grand soin.

Les parquets sont de plusieurs sortes : en frises de 0^m11 de largeur, posées à *coupes perdues ou réglées*, à *fougères*, à *bâtons rompus*, à *quadrille*, etc. Ils sont fixés sur le premier plancher en sapin, par des pointes noyées dans les languettes.

Recherche du prix des parquets.

Le mètre carré de parquet en sapin, en frises, à coupes réglées.

5^m65 de planche nette de sapin, à 0^f42 . . . . 2^f59

Main-d'œuvre : { Façon, 5^h15 à 0^f24 = 0^f76 } . 1 53
{ Pose, 5^h20 à 0^f24 = 0^f77 }

Total 3 92

Le même, en chêne.

5^m55 de planche de chêne à 0^f80 . . . . 4^f44

Main-d'œuvre : { Façon, 4^h75 à 0^f24 = 1^f14 } . 2 00
{ Pose, 3^h60 à 0^f24 = 0^f86 }

Total 6 44

Si ces planches sont à coupes perdues, on diminuera les prix de 1/12.

4.

Le mètre carré de fougères ou de bâtons rompus.

5ᵐ65 de planche de chêne à 0ᶠ80.............. 4ᶠ50

Main-d'œuvre : { Façon, 5ʰ30 à 0ᶠ24 = 1ᶠ27 }
{ Pose, 5ʰ90 à 0ᶠ24 = 1ᶠ41 } · 2 68

Total........ 7 18

Autour des foyers de cheminée, on peut faire une frise en chêne, de 0ᵐ10 de largeur, qui se paie 1ᶠ00 le mètre courant. Elle est assemblée à rainures et languettes et à onglets aux angles.

§ V. Des portes.

Les portes sont de plusieurs genres : il y en a en sapin, d'autres en chêne et enfin d'autres en chêne et sapin.

Les portes sont avec assemblages ou sans assemblages.

Les portes d'écuries, de remises, se font en frises de sapin, avec emboîtures de chêne haut et bas et barres en travers.

Les portes d'appartements, sont à un ou deux ventaux, avec assemblages, deux panneaux et une frise dans le milieu, les bâtis en chêne, les panneaux en sapin. Elles sont montées sur un chambranle en chêne, un contre-chambranle en sapin et un ébrasement aussi en sapin.

Les portes d'armoires sont en sapin ou en chêne et sapin, montées sur chassis.

Les portes pleines ou vitrées, pour le dehors, sont en chêne, montées sur dormant.

Les montants et les traverses sont tirés dans la demi-largeur d'une planche ; ils ont donc environ 0ᵐ10. Les assemblages sont à tenons et à mortaises, rainures et languettes, onglets, etc.

On fait ordinairement les portes à panneaux à glace ; suivant la décoration, on rapporte au pourtour des panneaux, des baguettes plus ou moins ornées de moulures.

Recherche du prix de ces travaux.

Le mètre carré de porte, en frises de sapin, avec emboîtures en chêne haut et bas.

5ᵐ80 de pl. 1/2 nette de sapin à 0ᶠ59 = 2ᶠ26 }
0 44 — de chêne de choix à 0ᶠ80 = 0ᶠ55 } · 2ᶠ61

Main-d'œuvre : { Façon, 4ʰ40 à 0ᶠ24 = 1ᶠ06 }
{ Pose, 0ʰ45 à 0ᶠ24 = 0ᶠ11 } · 1 17

Total........ 5 78

Porte d'appartement en chêne et sapin, de 0ᵐ052 d'épaisseur, le mètre carré.

2ᵐ54 de bois de chêne, pour les bâtis à 0ᶠ90 = 2ᶠ11 ⎫
4 02 de pl. nette de sap., pour pan., à 0ᶠ42 = 1ᶠ57 ⎬ 4ᶠ05
1/10ᵉ, choix de bois.................. 0ᶠ57 ⎭

Main-d'œuvre : { Façon, 9ʰ80 à 0ᶠ24 = 2ᶠ54 ⎫ · 5 08
{ Pose, 5ʰ10 à 0ᶠ24 = 0ᶠ74 ⎭

Total....... 7 15

Chambranle en chêne, de 0ᵐ052 d'épaisseur, de 0ᵐ12 de largeur.

0ᵐ60 de planche de chêne à 0ᶠ90 .... 0ᶠ54

Main-d'œuvre : { Façon, 1ʰ25 à 0ᶠ24 = 0ᶠ30 ⎫ · 0 44
{ Pose, 0ʰ60 à 0ᶠ24 = 0ᶠ14 ⎭

Total....... 0 98

Contre-chambranle en sapin, de 0ᵐ027 d'épaisseur et 0ᵐ12 de largeur.

0ᵐ65 de planche de sapin à 0ᶠ59............... 0ᶠ25

Main-d'œuvre : { Façon, 0ʰ85 à 0ᶠ24 = 0ᶠ20 ⎫ · 0 52
{ Pose, 0ʰ50 à 0ᶠ24 = 0ᶠ12 ⎭

Total....... 0 57

Ebrasement en sapin, de 0ᵐ11 de largeur.

0ᵐ57 de planche de sapin à 0ᵐ59 .... 0ᶠ25

Main-d'œuvre : { Façon, 0ʰ40 à 0ᶠ24 = 0ᶠ10 ⎫ · 0 21
{ Pose, 0ʰ45 à 0ᶠ24 = 0ᶠ11 ⎭

Total....... 0 44

Le mètre carré de porte d'armoire en sapin.

5ᵐ85 de planche de sapin, pour chassis et panneaux à 0ᶠ42..................................... 2ᶠ55
1/10ᵉ, choix de bois 0 25

Main-d'œuvre : { Façon, 7ʰ65 à 0ᶠ24 = 1ᶠ84 ⎫ 2 48
{ Pose, 2ʰ70 à 0ᶠ24 = 0ᶠ64 ⎭

Total....... 5 26

Baguette rapportée, de 0ᵐ027 de profil, le mètre courant.

0ᵐ18 de sapin à 0ᶠ59 .... 0ᶠ06

Main-d'œuvre : { Façon, 0ʰ40 à 0ᶠ24 = 0ᶠ10 ⎫ · 0 25
{ Pose, 0ʰ55 à 0ᶠ24 = 0ᶠ15 ⎭

Total....... 0 29

§ VI. **Des croisées.**

Les croisées que l'on fait le plus souvent, sont : les croisées à gueule de loup et à grands carreaux. Elles se composent : de deux chassis dans un dormant patté contre les feuillures de la pierre.

Les chassis sont formés : de quatre montants compris la gueule de loup, de deux traverses en haut, de deux revers d'eau en bas. Le dormant est composé : de deux montants, d'une traverse en haut et d'un revers d'eau en bas.

Ces croisées se font avec du bois de 0ᵐ032 et de 0ᵐ04 d'épaisseur, pour les chassis, de 5 millimètres en plus pour le dormant et un centimètre pour la gueule de loup.

Les petits bois devraient être remplacés par du fer demi-rond, à feuillures, fixé par deux vis.

Recherche du prix de 2 mètres de hauteur, d'une croisée de 1ᵐ30 de largeur.

```
2ᵐ16 pour dormant de 0ᵐ04 à .  1ᶠ05 = 2ᶠ28 ⎞
5  00 pour chassis de 0ᵐ032 à.. 0ᶠ90 = 2ᶠ70 ⎟
0  65 p. gueule de loup de 0ᵐ05 à 2ᶠ00 = 1ᶠ50 ⎬ .  9ᶠ50
1  80 pour revers d'eau de 0ᵐ08 à 1ᶠ20 = 2ᶠ16 ⎟
Déchet, 1/8ᵉ...................... 1ᶠ06 ⎠
                          ⎛ Façon, 25ʰ70 à 0ᶠ24 = 6ᶠ15 ⎞
Main-d'œuvre : ⎨ Pose,   5ʰ00 à 0ᶠ24 = 0ᶠ72 ⎬ .  6  87
                          ⎝                              ⎠
                                    Total....... 16  57
         Le mètre de hauteur revient à .........  8  17
         Le mètre carré revient à..............  6  25
```

§ VII. **Des persiennes.**

Les persiennes sont des fermetures de fenêtres, placées à l'extérieur du bâtiment et au moyen desquelles on augmente ou on diminue l'intensité de la lumière et de la chaleur solaire.

Les persiennes sont à deux ventaux, avec ou sans dormant. Elles se composent : de quatre montants, dont un à gueule de loup ; de six traverses et de planchettes en feuilles de sapin, de 0ᵐ10 de largeur.

Les persiennes ordinaires ont 0ᵐ032 à 0ᵐ04 d'épaisseur.

Recherche de 2 mètres de hauteur de persiennes, de 1ᵐ30 de largeur.

```
7ᵐ85 de pl. de chêne de 0ᵐ032 à 0ᶠ90 = 7ᶠ09 ⎞
10 00     —    pour planchettes à 0ᶠ42 = 4ᶠ20 ⎬ . 11ᶠ29
                          ⎛ Façon, 28ʰ80 à 0ᶠ24 = 6ᶠ91 ⎞
Main-d'œuvre : ⎨ Pose,   2ʰ40 à 0ᶠ24 = 0ᶠ58 ⎬ .  7  49
                          ⎝                              ⎠
                                    Total....... 18  78
         Le mètre de hauteur ..................  9  59
         Le mètre carré ......................  7  22
```

§ VIII. **Des lambris.**

Le lambris est un revêtement de menuiserie, avec ou sans assemblages, fixé contre les murs et contre les cloisons d'un appartement.

Les lambris sont de deux sortes : les lambris d'appui, de 0^m80 à 1^m00 de hauteur et les lambris de hauteur, qui occupent la largeur et la hauteur des faces d'un appartement; ceux-ci sont peu employés.

Il en existe encore un troisième genre, composé d'une planche de sapin, de 0^m20 à 0^m30 de largeur, assemblée à rainures et languettes avec une demi-planche de 0^m10 à 0^m15, formant plinthe vers le bas et avec une cymaise vers le haut. Sur la face, on rapporte des baguettes de 0^m02 de profil, pour simuler des panneaux.

Les lambris, sont ou tout en sapin, tout en chêne, ou en chêne et sapin. Les bâtis ont ordinairement 0^m027 d'épaisseur, et les panneaux en feuillet, 0^m01 d'épaisseur.

Avant de poser les lambris, on devra recouvrir le parement qui regarde le mur, d'une couche épaisse de grosse couleur à l'huile, comme garantie contre l'humidité.

Recherche du prix de ces ouvrages.

Le mètre carré de lambris d'une planche et demie.

3^m80 de planche 1/2 nette de sapin à 0^f59 . . . . . .   2^f 26

Main-d'œuvre : { Façon, 2^h35 à 0^f24 = 0^f56 } .   1 22
              { Pose, 2^h75 à 0^f24 = 0^f66 }

Total 3 48

Le mètre courant revient à 1 16

Cymaise, le mètre courant.

0^m15 de planche nette de sapin à 0^f42 . . . .   0^f 05

Main-d'œuvre : { Façon, 0^h70 à 0^f24 = 0^f16 } .   0^f 30
              { Pose, 0^h60 à 0^f24 = 0^f14 }

Total 0 36

Le mètre carré de lambris de sapin, pour ébrasements.

6^m85 de planche 1/2 nette de sapin à 0^m39 . . . . . .   2^f 67

Main-d'œuvre : { Façon, 5^h50 à 0^f24 = 1^f92 } .   1 88
              { Pose, 2^h60 à 0^f24 = 0^f62 }

Total 4 55

Le mètre carré de lambris d'appui, en chêne et sapin.

2ᵐ55 de pl. de chêne à 0ᶠ80 pour chassis   1ᶠ88 ⎱ · 3ᶠ45
4 02   —   de sapin, pour pann. à 0ᶠ59   1ᶠ57 ⎰

Main-d'œuvre :   ⎱ Façon, 6ʰ50 à 0ᶠ24 = 1ᶠ56 ⎱ · 2 28
                 ⎰ Pose,   3ʰ00 à 0ᶠ24 = 0ᶠ72 ⎰

Total....... 5 75

Le même, en chêne.

2ᵐ55 de pl. de chêne, pour batis à 0ᶠ80 = 1ᶠ88 ⎱ · 3ᶠ95
3 15   —   pour panneaux à 0ᶠ65 = 2ᶠ05 ⎰

Main-d'œuvre :   ⎱ Façon, 7ʰ55 à 0ᶠ24 = 1ᶠ76 ⎱ · 2 51
                 ⎰ Pose,   3ʰ15 à 0ᶠ24 = 0ᶠ75 ⎰

Total....... 6 44

§ IX. Des plinthes.

Les plinthes sont des bandeaux qu'on place au bas des boiseries ou des murs.

Recherche du prix des plinthes.

Le mètre courant de plinthe, de 0ᵐ054 de hauteur.

0ᵐ29 de planche nette de sapin à 0ᶠ59 .... 0ᶠ11
Main-d'œuvre :   ⎱ Façon, 0ʰ35 à 0ᶠ24 = 0ᶠ08 ⎱ · 0 24
                 ⎰ Pose,   0ʰ65 à 0ᶠ24 = 0ᶠ16 ⎰

Total....... 0 35

La même, de 0ᵐ16 de hauteur.

0ᵐ79 de planche nette de sapin à 0ᶠ59 .... 0ᶠ30
Main-d'œuvre :   ⎱ Façon, 0ʰ60 à 0ᶠ24 = 0ᶠ15 ⎱ · 0 37
                 ⎰ Pose,   0ʰ90 à 0ᶠ24 = 0ᶠ22 ⎰

Total....... 0 67

Ce qui donne :

Pour une plinthe de 0ᵐ054 de hauteur........ 0ᶠ35
     —   0 08   — 0 45
     —   0 12   — 0 50
     —   0 16   — 0 65
     —   0 20   — 0 75
     —   0 24   — 0 85

CHAPITRE IX.

§ I. De la serrurerie.

La serrurerie de bâtiment se divise en deux classes : 1° les fers forgés ; 2° la quincaillerie.

1° *Fers forgés.*

Les gros fers se divisent, dans le commerce, en 4 classes, et se vendent :

> 1re classe : 36^f 00 les 100 kilos.
> 2e   —   38 00   —
> 3e   —   40 00   —
> 4e   —   42 00   —

Ces fers façonnés et posés se paient au kilo.

Nous donnons ci-dessous quelques articles les plus employés dans le bâtiment, non compris la pose.

DÉSIGNATION DES ARTICLES.	Fers.	Fourniture. fers et houille	Façon.	Total.
Fer coupé seulement de longueur..	101 k.	36 f. 36	1 f. 87	38 f. 25
Gros fers forgés, ancres, plate-bandes, tirants, etc..	103	40 08	7 50	47 58
Petits fers forgés, étriers, consoles, colliers, etc	106	46 56	10 69	57 25

La pose des gros fers devrait être comptée d'après le nombre des scellements ; ci-dessous la valeur des scellements.

1° Dans la pierre de taille :

> Trous pour pattes............................ 0^f 18
> —   5e sur 8e.............................. 0 25
> —   8e sur 10e............................. 0 36
> —   11e sur 15e............................ 0 47

2° Dans la maçonnerie ordinaire ou dans la brique :

> Pattes et pitons............................ 0^f 15
> Anneaux, gonds, barre de manteau........... 0 20
> Consoles, crampons, colliers............... 0 25

Les mêmes avec échafauds, moitié en plus.

Pentures droites pour volets, trappes de cave, etc., non entaillées.

106 kil. de fer à 42ᶜ........................	44ᶠ52
Charbon	9 00
Façon, 96ʰ à 26ᶜ........................	24 96
Pose, 72ʰ à 26ᶜ	18 72
Total.......	97 20

Les clous doux........................	0ᶠ05
Vis	0 10

Gonds à repos, les 100 kilos.

106 kil. à 42ᶜ.............................	44ᶠ52
Charbon	9 00
Façon, 100ʰ à 26ᶜ........................	26 00
Total.......	79 52

Gonds de 0ᵏ30	0ᶠ24,	sans pose.
— 0 50	0 40	—
— 0 80	0 65	—

Pentures à équerres, à congés et entaillées, de 0ᵐ03 de large et 0ᵐ003 d'épaisseur, le mètre courant.

Fer, 0ᵏ70 à 0ᶠ42.............................	0ᶠ29
Charbon	0 10
Vis..	0 15
Façon et pose, 5ʰ35 à 0ᶠ26..................	0 87
Total.......	1 41

De 0ᵐ035 sur 0ᵐ004 d'épaisseur.

Fer, 1ᵏ09 à 0ᶠ42.............................	0ᶠ46
Charbon	0 15
Vis..	0 15
Façon et pose, 4ʰ50 à 0ᶠ26..................	1 12
Total.......	1 88

De 0ᵐ040 sur 0ᵐ005 d'épaisseur.

Fer, 1ᵏ55 à 0ᶠ42.............................	0ᶠ65
Charbon	0 20
Vis..	0 20
Façon et pose, 4ʰ75 à 0ᶠ26..................	1 25
Total.......	2 28

Le kil. en moyenne	1ᶠ66

2° *Quincaillerie.*

Nous donnons ci-dessous le prix d'achat et le prix de pose des articles de quincaillerie les plus employés dans les constructions.

	DÉSIGNATION.	Vis ou clous.	Achat.	Pose.	Total.
CROISÉE.	Fiche à nœuds, de 0^m15 de hauteur.............	0f 05	0f 27	0f 12	0f 42
	Crémone de 2^m de longueur....................	0 30	3 75	0 40	4 45
	Espagnolette de 2^m de long., 0^m0135 de diamètre.	»	1 45	0 26	1 71
	Deux gâches, pour une......................	0 05	0 06	0 06	0 17
	Une poignée évidée, en fonte	»	0 65	0 15	0 80
	Un support à console	»	0 45	0 12	0 57
PERSIENNE.	Bande à équerre entaillée, 33^m/4^m, 1^m 0k77 à 1f66	»	»	»	1 28
	— à té entaillée, 0k30	»	»	»	0 50
	Crémone à 2 loqueteaux et fil de fer	0 40	1 90	0 62	2 92
	Crémaillère et ses accessoires, 1^m de long	»	»	»	1 60
	Loqueteau à pompe pour tenir ouvert et arrêt scellé	0 15	0 57	0 40	0 92
PORTE.	Fiche à vases, de 0^m243	0 04	0 53	0 15	0 52
	Bec de canne, de 0^m08	0 14	1 60	0 40	2 14
	Serrure anglaise JMP, de 14^c..................	0 50	4 00	0 95	5 25
	Bouton double en cuivre n° 5......	»	0 90	0 24	1 14
	— en cristal n° 2	»	1 60	0 50	2 10
	Gâche encloisonnée.........................	0 07	0 30	0 17	0 54
	Gâche en tôle pour bec de canne	0 05	0 15	0 32	0 52
	— pour serrure anglaise	0 10	0 25	0 52	0 87
	Verrou à feuillure, de 0^m40...................	0 10	1 05	1 05	2 20
	Gâche entaillée..........	0 05	0 06	0 10	0 21
	Verrou à placard, de 0^m40	0 10	1 25	0 25	1 60
	Gâche coudée à pattes, de 0^m04.............	0 06	0 30	0 10	0 46
ARMOIRE.	Serrure d'armoire, gâche et entrée	0 25	1 15	0 42	1 82
	Fiches à vases, de 0^m19	0 03	0 22	0 15	0 40
	Crochet plat, 0^m10...........	0 06	0 18	0 05	0 29
	Ressort et son crampon	0 10	0 15	0 04	0 29
VOLET.	Bande droite, de 0^m16 de long., 33/3, 0k46 à 1f07	»	»	»	0 49
	Gond, de 0^m30k à 0f80	»	0 40	0 38	0 78
	Loqueteau avec tirée et anneau, 34 millimètres..	0 25	0 60	0 26	1 11
	Crochet rond et 2 pitons, de 0^m15	»	0 25	0 04	0 29

§ II. **De la fonte.**

La fonte est employée sous diverses formes dans les bâtiments. Les tuyaux de descente d'un diamètre de 0^m11 à 0^m215, et les tuyaux ovales pour cheminées s'emploient souvent.

Ci-dessous le poids de ces tuyaux, leurs dimensions et leur prix. Les 100 kilos se paient 55ᶠ.

1ᵐ15 de long., 0ᵐ110 de diam. intér., 17 50 kil., 5ᶠ77 prix d'un bout.
1 15 — 0 122 — 20 00 — 6 60 —
1 15 — 0 155 — 22 00 — 7 26 —
1 15 — 0 162 — 27 50 — 9 07 —
0 65 — 0 190 — 17 50 — 5 77 —
0 65 — 0 215 — 22 50 — 7 42 —

Tuyaux ovales pour cheminées.

0ᵐ65 de long., 0ᵐ27 sur 0ᵐ145 de dia. int., 27 00 k. 9ᶠ45 pr. d'un bout.
0 65 — 0 51 sur 0 165 — 50 00 k. 10ᶠ50 —
Lances et ponteles pour grilles................. 50ᶠ les 100 kilos.
Fuseaux de rampe d'escalier avec garniture..... 67ᶠ —

Les prix des fontes sont variables d'une année à l'autre.

On compte, pour la pose des grosses fontes, environ 5ᶠ00 par 100 kilos.

Les scellements des fers se font en plâtre, en soufre ou en plomb.

Les gonds pour portes et persiennes, sont posés avec du plâtre et des coins de bois de sapin.

Les grilles sont scellées au plomb. Le prix du plomb pour scellements est de 0ᶠ85 le kilo.

Assez rarement on emploie le soufre ; il se paie 0ᶠ80 le kilo.

CHAPITRE X.

§ I. **De la vitrerie.**

Le travail du vitrier consiste à découper le verre suivant la forme des compartiments pratiqués dans les chassis des croisées ou des portes, à les fixer au moyen de pointes sans tête et de mastic.

Il existe plusieurs qualités de verre dont voici les noms, le prix d'achat et le prix de pose.

Nota. Ces verres varient de 92ᶜ à 1ᵐ58, mesurés sur deux côtés d'équerre. Au-delà de ces dimensions le prix est de beaucoup augmenté.

DÉSIGNATION.	Achat.	Pose.	Total.
Verre simple, 1ᵉʳ choix, épaisseur : 2 millim..	5ᶠ64	0ᶠ96	4ᶠ60
— 2ᵉ — —	5 15	0 95	4 10
Verre 1/2 double, 1ᵉʳ choix, épais. : 2 mill. 1/2.	»	»	6 90
— 2ᵉ — —	»	»	6 50
Verre double, 1ᵉʳ choix, épais. : 5 mill. 1/2 ..	»	»	9 20
— 2ᵉ — —	»	»	8 20

Pour les flamandes au-dessus des escaliers, des cuisines, des vestibules, etc., les verres sont placés à recouvrement les uns sur les
autres ; ils sont taillés en pointes et posés entre des meneaux à feuil-
lure en fer. Afin d'éviter que les verres ne soient soulevés ou qu'ils ne
glissent, on les maintient par des agraffes en plomb.

Pour des portes vitrées, on emploie aussi du verre dit *mousseline*.
Il se paie de 8ʳ15 à 9ʳ45 le mètre carré tout posé, n'importe le
compartiment.

Les verres de couleurs se paient de 20 à 25ʳ le mètre carré.

CHAPITRE XI.

§ I. **De la peinture.**

Le but de la peinture est de soustraire à l'action destructive de
l'air les ouvrages en pierre, en bois et en fer, et de leur donner
un aspect plus agréable à l'œil.

Les murs, les boiseries, les ferrures et tout ce qui entre dans la
composition d'un bâtiment, sont ordinairement peints à l'huile à
l'extérieur et à l'intérieur.

La peinture se fait à trois couches : à l'huile ou au vernis, en tons
unis ou rechampis, à un ou plusieurs tons. On en fait aussi en
imitation de bois et de marbres.

La peinture d'appartements faite dans de bonnes conditions
est : pour un salon, le blanc d'argent à six couches, avec plinthes
en marbre bleu veiné ; pour une salle à manger, les panneaux en
blanc, les champs couleur chamois, et les plinthes en marbre jaune
Sienne ; pour une chambre à coucher, le fond blanc et les champs
bleuâtres ou rosé très-clair ; pour un vestibule, en marbre blanc
veiné à la colle sur mur plâtré. Ces peintures sont simples et font
un très-bel effet.

Prix ordinaires des peintures, au mètre carré.

Badigeon......................................	0ʳ10
Colle à trois couches...........................	0 20
Marbre à la colle...............................	0 50
Peinture à l'huile, 5 couches....................	1 00
— pour une couche en plus....	0 50
Peinture au blanc d'argent, une couche	0 40
Rechampissage en plus, surface unie...........	0 05
— — — à moulures....	0 12
Vernis à trois couches	1 00
Imitation marbres et bois.......................	2 00
— — avec vernis à 2 couches	2 50
Vernissage en plus, une couche	0 32
Lavage à l'eau seconde.........................	0 07
Bouchage sur boiserie unie et à moulures .0ʳ11 à	0 19

Vernis à 2 couches.......................... 0ʳ70
Peinture à l'huile, 2 couches 0 70

Au mètre courant.

Plinthe marbrée et vernie, de 0ᵐ10 de hauteur . 0 55
— — 0 15 — 0 45
— — 0 20 — 0 55
Ferrements en noir, la pièce................. 0 05
— bronzés, — 0 10

§ II. Mesurage de la peinture.

La peinture des croisées à petits carreaux se compte sans déduction des vides.

Celle pour les croisées à glace, on déduit les 2/5, pour l'emplacement des verres.

La surface des persiennes se prend en ajoutant 1/5 pour les lames.

CHAPITRE XII.

§ I. Des papiers de tenture.

Les murs et les cloisons enduits de plâtre sont presque toujours recouverts de papier de tenture.

On doit les choisir avec des tons en rapport avec ceux des peintures. Les papiers rayures, à colonnes et à dessins courants dans la hauteur, sont les plus avantageux; ils font l'effet d'agrandir les pièces et surtout de les exhausser. Les gros dessins nuisent considérablement à un appartement.

Les papiers blanc sur blanc, mats et glacés; chamois sur chamois, avec des dessins délicats formés en bouquets, en guirlandes, etc., sont charmants. Ils ont l'avantage de plaire et de renvoyer parfaitement la lumière.

Quelques soins vous puissiez apporter dans l'éclairage d'un salon, vous n'obtiendrez que peu de lumière, si le papier de tenture est sombre, parcequ'il absorbera tous les rayons lumineux.

Les papiers se vendent en rouleaux de 8ᵐ de longueur, sur 0ᵐ50 de largeur.

Les papiers ordinaires valent de 0ʳ55ᶜ à 0ʳ60ᶜ le rouleau; ceux un peu mieux se paient de 0ʳ70ᶜ à 1ʳ50ᶜ; enfin, les beaux papiers sont du prix de 1ʳ60ᶜ à 4ʳ00.

La bordure est aussi en rouleaux de deux, trois et quatre bandes de 8ᵐ00.

Le prix de la pose est de 0ʳ50ᶜ le rouleau de papiers communs, 0ʳ40ᶜ pour les papiers ordinaires, 0ʳ50ᶜ pour les papiers unis.

Le rouleau de bordure coûte pour la pose, 0ʳ50.

Les boiseries simulées se recouvrent de papier ; mais auparavant, on colle de la toile de 0ᵐ80 de large, qui coûte 0ᶠ50 le mètre.

Sur le bord des portes, on pose des couvre-joints en zinc, au prix de 0ᶠ40 le mètre courant. Ce sont de petites bandes de 4ᶜ de large, retenues par des pointes.

CHAPITRE XIII.

§ I. Des journées d'ouvriers, des faux frais et des bénéfices.

Dans les divers chapitres qui ont été étudiés, nous avons donné des analyses de prix des travaux exécutés dans un bâtiment. Ces prix comprennent les déboursés de l'entrepreneur et les faux frais qui représentent : le loyer du chantier, la patente, la détérioration du matériel, etc. Ces faux frais ne peuvent être applicables qu'à la main-d'œuvre. Il est juste d'ajouter le *bénéfice*, qui représente les avances de fonds, la rétribution du temps et de l'intelligence de l'entrepreneur. Ce bénéfice doit être porté en raison de la bonne ou de la mauvaise exécution des travaux. Il repose sur tous les déboursés et sur les faux frais.

Pour chaque état, nous consignons dans le tableau ci-dessous, le prix de la journée de 10 heures, les faux frais et le bénéfice.

DÉSIGNATION.		Prix de la journée de 10 heures.	Faux frais.	Bénéfice.
Maçonnerie...	Manœuvre	1ᶠ 40	1/15ᵉ	1/10ᵉ à 1/6ᵉ
	Maçon et paveur ..	2 10	1/15ᵉ	
	Tailleur de pierre..	2 80	1/15ᵉ	
Charpenterie.	Charpentier	2 10	1/10ᵉ	1/10ᵉ à 1/6ᵉ
Menuiserie ...	Menuisier........	2 10	1/6ᵉ	1/6ᵉ
Serrurerie ...	Serrurier	2 10	1/4ᵉ	1/6ᵉ

La plâtrerie, la vitrerie et la peinture, ont leurs prix indiqués à leur chapitre respectif, avec les faux frais et le bénéfice compris.

CHAPITRE XIV.

§ I. Des constructions formant les dépendances d'une habitation.

Les dépendances d'une habitation, soit à la ville, soit à la campagne, comprennent : les *écuries*, les *étables*, les *remises*, les *granges*, les *porcheries*, les *poulaliers*, etc.

Nous allons donner les dimensions de ces diverses constructions.

Écurie. L'écurie est le logement des chevaux. Le cube d'air nécessaire à un cheval est de 25 à 50 mètres cubes.

Les dimensions convenables pour l'hygiène et la commodité d'un cheval sont 1^{m}50 à 1^{m}75]de largeur ; 4^m de longueur y compris la mangeoire et le passage. La hauteur varie de 3^m à 4^m.

Si on place les harnais derrière chaque cheval, on prendra 0^{m}60 en plus, ce qui donnera, pour la largeur d'une écurie d'un seul rang, 4^{m}60.

Quant l'écurie est à deux rangs, la sellerie est placée à part. La largeur de l'écurie doit alors être de 7^m.

Entre deux chevaux, on placera une cloison en planches rainées, maintenues dans un chassis en chêne solidement fixé à la muraille et dans le sol.

Les portes d'entrée auront de 1^{m}00 à 1^{m}20 de largeur sur 2^m à 2^{m}50 de hauteur.

Pour renouveler l'air, il sera bien d'établir une fenêtre en face de la porte, et placer l'une et l'autre sur l'axe du passage. On évitera avec grand soin de mettre des fenêtres en face des yeux des chevaux. Les fenêtres en mezzanines de 1^{m}20 de large sur 0^{m}80 de hauteur, et placées à 1^{m}50 au moins du sol, sont les meilleures.

Les mangeoires sont en bois de chêne de 0^{m}03 d'épaisseur, portées sur des chevalets fixés à la muraille et au sol. L'arête supérieure est au-dessus du sol de 0^{m}95 à 1^{m}00 ; la profondeur est de 0^{m}20 ; la largeur dans le fond de 0^{m}30, et vers le haut de 0^{m}40. Les angles doivent être arrondis.

Les râteliers sont formés de deux longues pièces de bois de 9 à 10 centimètres de diamètre, traversés par des barreaux ronds, espacés les uns des autres de 8 à 12 centimètres ; leur longueur est ordinairement de 0^{m}60 à 0^{m}75. La partie inférieure se place à 1^{m}50 du sol, et se fixe contre le mur par des crampons ; l'arête supérieure est éloignée du mur de 0^{m}40, et y est maintenue par des tringles en fer. La position la plus convenable d'un râtelier serait d'être vertical.

Au-dessus des mangeoires et des râteliers, on pratique dans le plancher du grenier des ouvertures dans lesquelles on place des couloirs en planches faisant saillie de 0^{m}30 au-dessus du plancher. On les ferme quelquefois par une trappe.

Le sol d'une écurie doit être pavé et un peu élevé au-dessus du sol extérieur à cause de l'humidité ; la place occupée par le cheval doit être imperméable et en pente de 0^m05 par mètre.

Une rigole en pavé sera placée à 2^m50 de la face de la mangeoire ; elle aura une pente de 2 centimètres par mètre pour conduire les urines dans une fosse à purin.

Le pavé sera posé sur mortier de chaux et sable.

On devra plafonner les écuries, afin de préserver les planchers qui sont au-dessus.

Etable. L'étable est le logement des bêtes à cornes. Les dimensions d'une étable pour un seul rang d'animaux, est de 4^m50 de large y compris la place de la mangeoire et du passage ; 3 à 4 mètres de hauteur et 1^m50 pour la largeur à donner à chaque tête de bétail.

Les bœufs à l'engrais et les vaches mères doivent être séparés par des cloisons ; on donnera pour largeur 1^m75. Pour une vache ordinaire, on donne 1^m30, et pour un veau, 0^m75.

Une étable double aura de 7 à 8 mètres de largeur.

Les mangeoires doivent être construites de préférence en pierre pour maintenir la propreté. La largeur est de 0^m40, la hauteur an-dessus du sol est de 0^m60 à 0^m62. La longueur pour chaque tête est de 0^m80.

Le râtelier est placé comme celui d'une écurie ; il est fait de la même manière, seulement le bas est à 1^m20 du sol. On le supprime quelquefois, mais alors, on fait la mangeoire de 0^m48 de large.

Le fourrage se jette d'en haut par des couloirs, ou bien, on le jette dans le râtelier par des ouvertures pratiquées dans le mur ou dans la cloison contre lequel il est fixé. Un corridor d'un mètre de large, élevé de 0^m50 au-dessus du sol et longeant le derrière du râtelier, sert au transport du manger des bêtes.

Les portes et les fenêtres sont placées et disposées de la même manière que celles des écuries.

Le pavé peut se faire en briques, moitié à plat, près de la tête des animaux, et l'autre moitié posées de champ vers les jambes de derrière. La pente sera de 2 centimètres pour mètre jusqu'à la rigole. Le passage formera trottoir, saillant d'environ 0^m12 au bord de la rigole, à cause de la grande abondance d'urine.

Remise. La remise est un logement à loger les voitures. Ses dimensions sont en rapport avec le nombre de voitures à remiser.

Grange. La grange sert à la rentrée des céréales en gerbes, aux fourrages, etc. Les abords doivent en être faciles. Une grande porte charretière doit laisser passer facilement une voiture chargée de gerbes. On lui donnera 5^m30 de large sur 4^m50 de hauteur, et on la placera vers le milieu du bâtiment, afin de laisser à droite et à gauche l'emplacement pour remiser et dans le milieu un pavé pour battre le grain, quand on n'a pas de machine à battre.

De petites ouvertures laissées dans les murs de faces servent à l'aérage des denrées et à la libre circulation des chats; correctif contre les ravages des souris et des rats.

La dimension d'une grange est calculée sur les bases suivantes : il faut 8 à 10 gerbes de blé pour faire le volume d'un mètre cube. Ces gerbes donnent 2^{k}50 à 3^{k}60 de blé chacune; pour le mètre cube, environ 25 kilos. Le poids d'une gerbe est de 10 à 11 kilos.

Par hectare de bonnes terres, et année favorable, on récolte environ 10,000 kilos de gerbes. Pour 10 hectares de terre, on aura besoin d'une grange d'un volume de 1,000 mètres cubes, plus l'emplacement du battage, 6^m $\times$ 5^{m}50 $\times$ 4^m $=$ 100, ce qui donne 1100^{mc}.

Les dimensions de 10^m de long, 9^m de large et 7^{m}60 de hauteur, donneront un volume de 1125^{mc}, qui est le chiffre cherché.

D'après les bases ci-dessus, il sera facile de calculer les dimensions à donner à ce genre de construction.

Porcherie. La porcherie est le logement des porcs. Ce logement devrait être divisé entre les *truies,* les *verrats* et les *cochons.*

La surface occupée pour chacun d'eux, est :

De 2^{mq} pour les truies et les porcs à l'engrais;

De 2^m à 3^m pour les verrats;

De 1^{m}50 à 1^{m}50 pour chaque cochonneau.

La loge doit avoir de hauteur 2^{m}50, les séparations 1^{m}25. L'exposition du midi est la plus convenable. Le sol sera incliné, pavé et un peu élevé. Les planchers en chêne, placés au-dessus du pavé, seront percés de trous pour faciliter l'écoulement des urines, et devront être établis solidement.

Le dessus de la loge sera couvert d'un toit ou d'un plancher de grenier ouvert.

Les auges seront placées de telle sorte, qu'on puisse verser le manger du dehors. Moitié de la largeur de l'auge sera en avant de la loge et l'autre moitié en dedans. Une auge sera affectée à chaque porc. Près de l'auge sera une petite porte de 0^{m}50 de large sur 1^{m}25 de hauteur.

Toute la construction doit être faite solidement, avec des bois de chêne, ou de la maçonnerie à chaux et sable.

L'air atmosphérique, dans ces divers logements, est corrompu par la transpiration des animaux, par les vapeurs sortant de leurs bouches et par leurs excréments. L'odeur du foin, la poussière, les toiles d'araignées, sont autant de causes qui engendrent la malpropreté et par suite les maladies.

Il faudra donc avoir soin de nettoyer souvent les écuries, etc.; de changer les litières; de laver les pavés, les auges ou mangeoires; de blanchir les murs au lait de chaux; d'enlever la poussière et les toiles d'araignées.

Chambre à four. Cette pièce sert pour la fabrication du pain et pour les lessives.

Le four est construit dans un petit bâtiment en dehors de la pièce; il repose sur un massif ou fondation.

Les différentes parties d'un four, sont :

L'âtre. L'âtre a une forme elliptique de 1m35 de longueur sur 1m25 de largeur ; elle est pavée en carreaux composés de 1/5 de sable et de 2/5 de terre argileuse. Elle est placée à 0m90 du sol.

Le dôme ou *chapelle.* Les murs intérieurs sont élevés de 0m10 ; à partir de ce point, la voûte prend sa naissance. Sa forme est elliptique et construite en briques réfractaires et terre argileuse. La hauteur est le 1/5 de la profondeur.

Bouche du four. La largeur de la bouche est de 0m50 à 0m60, sur 0m50 de hauteur. Le chassis est ordinairement en pierre de taille.

Autel. L'autel est une tablette en taille ou en fonte, placée en avant de l'âtre et débordant de 0m05 sur le nu du mur.

Cendrier. Au-dessous de l'âtre on fait une voûte pour mettre le bois, etc. L'épaisseur de la voûte doit avoir au moins 0m40.

Cheminée. La cheminée est placée en avant et au-dessus de la bouche. Le tuyau à l'intérieur aura 0m25 sur 0m25.

Si on a soin de carreler le dessus du four, on peut construire une petite chambre pour un séchoir.

Chaudière. Près du four est établie une chaudière en fonte de 0m60 de diamètre, montée sur un massif de briques réfractaires, dans lequel sont réservés le foyer, le cendrier et les tuyaux se rendant dans la cheminée.

Chambre de bains. Adjacente à la pièce ci-dessus, on établit une petite pièce pour prendre des bains. De la chaudière de la buanderie on conduira l'eau chaude, par un tuyau en ferblanc, dans la cuve ou baignoire.

La cuve sera placée dans un trou, profond de 0m20 au-dessous du sol ; il aura la forme de la cuve. Le fond sera dallé et portera vers son milieu un petit canal de 0m15 d'ouverture, pour laisser échapper les eaux du bain.

La cuve se fait ordinairement en zinc n° 14, monté sur un cercle en fer rond en haut, sur un second cercle en fer méplat en bas, et un troisième dans le milieu. Le tout sera recouvert de peinture en dehors. Le bord dépasse le sol de 0m50. De là, la facilité de se mettre dans le bain. Les dimensions d'une baignoire, sont : 1m60 de longueur, 0m70 de largeur et 0m70 de hauteur. La baignoire est arrondie aux deux extrémités et porte deux anses pour l'enlever à volonté.

Une soupape avec chaînette dans le fond peut laisser l'eau s'écouler à volonté.

Le pourtour d'une salle de bains jusqu'à un mètre de hauteur et le pavé, devrait être revêtu de carreaux en faïence. Le plus souvent, le sol est couvert de briques et les murs sont crépis.

§ II. **Pavage de ces dépendances et de leurs abords.**

Dans les granges et les remises, on fait un pavage en terre franche argileuse.

On étend cette terre par couche de 0m15 d'épaisseur ; on l'arrose avec de l'eau, puis on la piétine fortement pour la rendre homogène. Quand elle est ressuyée, on la bat avec des dames pesantes, à plusieurs reprises, jusqu'à ce que le mortier soit bien sec. Quand la surface se gerce ou se crevasse, on remplit les intervalles par de la terre, en la comprimant avec force.

Prix d'un mètre carré de pavé de grouine.

0ᵐᶜ15 de grouine ou terre argileuse à 5ᶠ35......	0ᶠ50
5ʰ d'ouvrier à 0ᶠ22...........................	0 66
Total.......	1 16

§ III. **Pavés de roche.**

Dans les écuries, le pavé se fait en pierres dures de divers échantillons. Les dimensions du pavé sont : 0ᵐ15 à 0ᵐ24 sur chaque face.

On les pose sur un lit de sable de 0ᵐ12 à 0ᵐ15 d'épaisseur, en les plaçant les uns contre les autres, par lignes, en laissant entre eux un joint de 0ᵐ01 au moins. On recouvre le pavé, ainsi établi, d'une couche de sable de 0ᵐ02, puis on le bat avec une *hie*, de manière à fixer solidement chacun d'eux dans leur alvéole.

Au lieu de sable, on répand quelques fois du mortier clair, qui pénètre dans les intervalles et remplit les joints.

Prix du mètre carré de pavé, gros échantillon, de 0ᵐ15 à 0ᵐ24.

1ᵐq de pavé à 2ᶠ10............................	2ᶠ10
0ᵐᶜ15 de sable à 5ᶠ50........................	0 45
1ʰ80 d'ouvrier paveur à 0ᶠ22.................	0 40
Total.......	2 95

§ IV. **Aire en cailloutis.**

On pioche la surface du terrain à paver ; on le dresse suivant les pentes voulues, puis on dépose la blocaille en entremêlant les gros et les petits morceaux. Le sol ainsi préparé, on le recouvre d'une couche de cailloux, puis on fait un premier damage.

Ce premier travail fait, on répand une couche de mortier de 5 centimètres, puis on projette à une grande hauteur, des seaux d'eau, pour faire pénétrer le mortier ainsi délayé dans les interstices.

On recouvre le tout d'une couche de sable ou de grouine, de 2 à centimètres, que l'on dame fortement.

Prix du mètre carré du pavé ci-dessus.

Piochage du terrain...........................	0ᶠ09
0ᵐᶜ15 de pierre sur 0ᵐ15 d'épaisseur à 5ᶠ60	0 54
0ᵐᶜ05 de mortier à 9ᶠ19................	0 28
Main-d'œuvre : 0ʰ15 d'ouvrier à 2ᶠ20	0 03
Total.......	0 94

§ V. **Murs de soutènement.**

Le mur de soutènement a pour but de soutenir les terres et de résister à leur poussée.

Ces murs sont construits en pierre sèche ou en maçonnerie à chaux et sable. Le parement extérieur a un talus de 1/10e à 1/6e de la hauteur ; celui placé à l'intérieur est formé par des saillies distantes entr'elles de 1 mètre au plus et de 0^{m}10 de large. De distance en distance, on laisse des petites ouvertures, appelées *barbacannes*, laissant passage aux eaux provenant des terres.

L'épaisseur à donner à ces murs est de 1/3 de la hauteur. Cette épaisseur est placée dans le milieu de cette hauteur.

Ces murs se construisent avec leur parement extérieur en moëllons piqués. Le moëllon piqué est celui qui est taillé sur ses faces comme la pierre de taille ; ses dimensions ordinaires sont : 0^{m}15 à 0^{m}20 de hauteur sur 0^{m}35 à 0^{m}40 de longueur et 0^{m}25 de queue.

Recherche du prix du mètre carré de parement de moëllons piqués.

1^{mq} de moëllons piqués à 5^{f}50................	5^{f}50
0^{mc}04 de mortier à 9^{f}19.....................	0 57
Main-d'œuvre : façon et pose, 2^{h}70 de maçon et manœuvre à 0^{f}58........................	1 03
Total.......	4 90

§ VI. **Murs de clôture.**

Le mur de clôture sert à clore une propriété. Il est construit en maçonnerie ordinaire de moëllons et mortier, les deux faces crépies et la partie supérieure garnie d'un chaperon en pierre, et plus souvent d'une petite toiture en tuiles, posées sur mortier.

L'épaisseur d'un mur de clôture est de 0^{m}40, la hauteur d'après la loi est de 5^{m}00.

Recherche du prix de ce mur, le mètre carré.

0^{mc}44 de moëllons à 2^{f}50................	1^{f}10
0 10 de mortier à 9^{f}19..................	0 92
Main-d'œuvre : 2^h de maçon et manœuvre à 0^{f}58.	0 76
Crépis, 2 faces................	0 58
Total.......	5 16

Le mètre courant de toiture.

24 tuiles à 50^f le 00,00	0^{f}72
0^{mc}05 de mortier à 9^{f}19..................	0 28
Main-d'œuvre : 1^{h}50 à 2^{f}50	0 55
Total.......	1 55

CHAPITRE XIII.

Notions générales sur les cheminées, sur les puisards, sur les lieux d'aisances et sur les escaliers.

§ 1. Des cheminées.

De tous les détails de construction, la cheminée est la bâtisse de laquelle on s'occupe le moins, et cependant elle est d'une bien grande importance. Un certain nombre de cheminées fument par suite de leur construction vicieuse, et la plus grande quantité dépensent beaucoup trop de combustible.

La meilleure manière de construire une cheminée, c'est de faire un foyer; deux murs latéraux, appelés *costières;* un contre-cœur ou mur contre lequel la cheminée est adossée; un manteau; un tuyau en briques, large par le bas et se rétrécissant à environ 2^m50 du sol, de manière à donner sur toute la hauteur, une section de 0^m20 sur 0^m25. On place quelquefois dans ce corps un tuyau en fonte de 0^m21 de diamètre intérieur.

Le foyer est ensuite garni, dans le fond, d'un système de tubes en fonte dans lesquels l'air, pris à l'extérieur par un tube en zinc placé sous le plancher, s'échauffe et vient déboucher dans la pièce par deux bouches de chaleur fixées aux parois des costières.

Par suite de cette disposition de tubes, l'air chaud introduit dans l'appartement sert non seulement au chauffage mais encore à la combustion. On peut alors calfeutrer les portes et les fenêtres sans avoir la crainte de voir refluer la fumée.

On établit ensuite une garniture en faïence blanche, servant au rayonnement du calorique; cette faïence a ses deux montants et sa traverse inclinés, de manière à former entonnoir. L'air s'y précipite, se trouve échauffé, par conséquent raréfié et plus léger que l'air; alors il s'élève dans le tuyau et entraîne avec lui la fumée.

En avant de cette garniture est un rideau en tôle, pouvant au moyen d'un contre-poids monter et descendre facilement. Il a pour but de rétrécir ou d'augmenter l'ouverture de l'entonnoir pour le passage de l'air nécessaire à la combustion. Au moment où l'on allume le feu, on baisse le rideau, afin que l'air extérieur de la cheminée soit suffisamment raréfié avant qu'une trop grande masse d'air de la pièce ne vienne prendre sa place. Quand le bois est en état d'incandescence on lève le rideau.

La souche de la cheminée, c'est-à-dire la partie au-dessus du toit, doit excéder de 0^m50 environ la faîtière, ou le mur du voisin. Le dessus sera recouvert d'une *mitre* en terre cuite avec chapeau en tôle au-dessus. Ce chapeau sert d'abord à éviter que la fumée d'un tuyau voisin ne se verse dans celui-ci, et ensuite à empêcher la pluie de tomber dans la cheminée et d'y déterminer l'écoulement du bistre.

Lorsqu'on ne peut employer les moyens de prises d'air à l'extérieur, que nous venons d'indiquer, on ne doit pas prétendre fermer hermétiquement les portes et les fenêtres. Il faut de l'oxigène pour la combustion, par conséquent il faut de l'air. Cet air ne peut arriver que par des joints laissés sous les portes, etc.

Nous engageons les constructeurs à ne jamais loger les tuyaux de cheminées dans l'épaisseur des murs de faces. Cette construction vicieuse a pour effet de refroidir presque aussitôt la fumée qui s'élève dans le tuyau, et de la condenser en la réduisant en petites gouttelettes. Ces gouttelettes se fixent sur les parois du tuyau, se réunissent de proche en proche, et forment le bistre qui s'écoule dans le foyer et dans l'intérieur des appartements. Le bistre traverse aussi les languettes de cheminées, détruit le mortier et s'écoule alors au dehors, sur la façade, au-dedans et sur les plafonds.

On compte que 95 mètres cubes d'air atmosphérique suffisent à la respiration d'une personne en 24 heures. On quadruple ordinairement cette quantité, pour que la respiration soit plus agréable, ce qui donne 580 mètres cubes. Il faut donc, pour une seule personne et par heure, l'introduction et la sortie de 16 mètres cubes d'air dans la pièce qu'elle habite.

§ II. Des puisards.

Le puisard ou puits perdu est un fossé qui doit recevoir les eaux des cuisines, des offices, etc. Le puits perdu est ordinairement maçonné à pierres sèches de manière à laisser passer les eaux qui vont s'infiltrer dans la terre. Il arrive cependant, au bout d'un certain temps, que la vase déposée sur les parois de la terre rend celle-ci imperméable, alors l'eau croupit, fermente par la présence des substances grasses et huileuses et laisse s'échapper une odeur infecte.

On obviera à ces inconvénients en nettoyant ces puits et en établissant des cheminées d'appel pour conduire les gaz dans l'atmosphère au-dessus des toits et des habitations.

Le seul moyen pour garantir de cette odeur, est de placer à l'orifice du tuyau qui conduit les eaux sales dans le puisard, un *syphon* en pierre, que l'on nomme aussi *coupe-air*.

Le syphon est construit en forme d'auge; dans le fond est placé en contre-bas du radier un conduit recevant les eaux, une cloison en pierre, placée dans le milieu, descend dans l'auge de 6 à 10 centimètres et fait corps avec la couverte. L'eau en s'écoulant remplit d'abord l'auge; le trop plein se répand dans le puisard, alors la cloison est submergée. L'eau faisant l'effet d'obturateur, les gaz du puits ne peuvent trouver passage. La coupe de cet appareil est dessinée ci-contre.

On construit au-dessus du puisard un orifice capable de laisser passer un homme. Au-dessus de la partie du syphon en amont, on

construit un regard en pierre avec son tampon, pour faciliter l'en-
lèvement des saletés qui se seraient accumulées dans le fond de l'auge.

Au-dessous du trou de la pierre d'évier, quand les eaux de celle-ci
se rendent dans un conduit, on place un syphon en cuivre qui
a le même but à remplir à l'égard des eaux qui seraient accumulées
entre les deux syphons.

§ III. Construction des fosses d'aisances.

Les fosses d'aisances seront construites avec des matériaux qui ne
pourront se décomposer sous l'action de l'acide renfermé dans les
urines.

Les pierres siliceuses seront recherchées de préférence aux pierres
calcaires.

Les murs auront de 40 à 50 centimètres d'épaisseur. Au fur et à
mesure de leur construction, on dammera fortement entre la terre
et la maçonnerie, de l'argile en poudre, sur une épaisseur de 12 à
15 centimètres.

Le dessous du pavé devra aussi reposer sur une couche d'argile
de 20 centimètres.

Dans l'intérieur de la fosse, on appliquera sur toute la surface,
un enduit imperméable, soit en ciment rouge, soit en ciment de
Vassy.

La forme la plus convenable, la plus solide et la moins dispen-
dieuse, à volume égal, d'une fosse d'aisance, est la forme cylin-
drique, verticale, avec le fond un peu conique. La dimension doit
être en rapport avec l'importance de l'habitation et du nombre des
habitants. La base ordinaire pour la construction d'une fosse, est de
calculer sur les données suivantes : les déjections d'une personne
est par jour de 625 grammes d'urine et 125 grammes de matière
solide, ou 750 grammes pour 24 heures. Pour une année on aura
275 kilos, 750 grammes ou environ 28 centièmes de mètre cube.

Toutefois, la largeur ne peut être moindre de 1^m20^c, et la hauteur
sous voûte de 2^m00. Au-dessus de la voûte doit exister une
ouverture assez grande pour laisser passer un homme au moment
de la vidange.

§ IV. Ventilation des lieux d'aisances.

On établira une ventilation convenable en plaçant un tuyau d'évent
en zinc, de 15 à 20 centimètres de diamètre, allant de l'orifice
placé sur la voûte jusqu'au desssus du toit.

Les tuyaux de descentes en fonte, des divers étages, se rendent
dans la fosse et font l'office de tuyaux d'évents. On les conduit à un
mètre au-dessous du sol du dernier étage et on termine jusqu'au
toit par un tuyau en zinc.

Sur le corps capital, se trouvent des embranchements en fonte, en face des planchers, pour recevoir les cuvettes inodores. Cette jonction se fait par un fort tube en plomb bien soudé.

Les cuvettes sont de divers genres, toutes ont pour but de laisser passer les matières et d'empêcher les gaz de s'échapper; une soupape en forme de valve, toujours remplie d'eau, ferme hermétiquement l'orifice.

Malgré tous les soins apportés dans la construction de ces appareils, on ne peut arriver d'une manière bien complète, à fermer le passage aux gaz. Il faut donc chercher un desinfectant capable d'absorber et de neutraliser les gaz ammoniacaux qui se sont dégagés dans la cage des lieux. Le désinfectant le plus facile à établir et le moins dispendieux est la couperose ou sulfate de fer en dissolution dans de l'eau. La proportion est de un kilogramme de ce sel dans un litre d'eau. Le prix de la couperose est de 14ᶠ les 100 kilos.

Le mélange se place dans un vase fixé contre la muraille de la cage.

§ V. Des escaliers.

L'escalier est une construction en pierre ou en bois, servant de communication d'un étage à un autre étage.

Un escalier se compose de marches de 0ᵐ25 à 0ᵐ55 de largeur sur 0ᵐ15 à 0ᵐ18 de hauteur et de 0ᵐ70 à 2ᵐ50 de longueur.

Les marches de 0ᵐ70 à 0ᵐ90 conviennent à des escaliers de services; celles de 0ᵐ90 à 1ᵐ20 à des escaliers de maisons ordinaires; celles de 1ᵐ50 à 1ᵐ60 pour des escaliers d'hôtels, et enfin celles de 1ᵐ70 à 2ᵐ50 pour des palais ou de grands hôtels.

La forme d'un escalier est bien variable, suivant l'emplacement qu'il occupe.

Quand les marches sont toutes de la même largeur, l'escalier est dit à *rampe droite;* si elles sont plus larges à un bout qu'à l'autre, l'escalier est dit à *marches balancées* ou à *quartiers tournants.*

Si la largeur de la cage qui renferme l'escalier est plus grande que deux fois la longueur de la marche, il reste un vide que l'on nomme *jour.* Ce vide est tantôt *carré,* tantôt en *fer à cheval;* tantôt *rond* ou *ovale.*

Suivant la forme du *jour* et parallèlement à la figure qu'il affecte, on fait passer une ligne dans le milieu de la longueur d'une marche; cette ligne se nomme *giron.* Sur le giron, on porte des distances égales à la largeur de la marche, depuis le point de départ jusqu'au point d'arrivée. Par ces points, on fait passer des lignes qui forment le *collet* de la marche.

Si l'escalier est en pierre, chaque marche est formée d'un seul morceau, taillée à crossette et se posant l'une contre l'autre; un des des bouts est encastré dans le mur de 0ᵐ15 environ, l'autre bout forme la tête apparente, ou bien elle est encastrée dans le limon, de 0ᵐ02 de profondeur. La face supérieure d'une marche est la partie contre laquelle le pied repose. La face verticale se nomme *contre-marche*, l'arète formée par ces deux plans est terminée par une moulure qui s'appelle *boudin*. Le dessous est *délardé* de manière à former un plafond.

Si l'escalier est en bois, il est formé : d'un *limon*, d'une *marche* et d'une *contre-marche*.

Le limon est en chène de 0^{m}05 d'épaisseur sur 0^{m}25 de largeur; il reçoit un des bouts de la marche soit par embrèvement, soit sur crémaillère.

Le faux limon est en sapin ou en chène ordinaire, de 0^{m}04 d'épaisseur, découpé en crémaillère et fixé contre la muraille de la cage. Il reçoit l'autre bout des marches.

La marche repose donc sur le limon et sur le faux limon; elle est en chène de 0^{m}03 à 0^{m}04 d'épaisseur, portant en avant un boudin et une rainure en dessous pour recevoir la contre-marche.

La contre-marche est en bois de chène ou de sapin, posée à onglet sur le limon.

Le dessous de ces escaliers est planchéié en chons fendus à la hache pour recevoir un plafond en plâtre.

Lorsque les limons sont formés de parties droites et de parties courbes, on les réunit par des goujons en bois dans les joints, ou par des boulons en fer et par des bandelettes de fer sur le champ inférieur. Ces bandelettes sont entaillées de leur épaisseur et fixées avec des vis fraisées.

Les joints peuvent être verticaux ou même encore perpendiculaires au rampant des limons. Pour la facilité de la montée, on place du côté du limon une rampe formée de fuseaux en fer, surmontée d'une main courante en bois.

Les fuseaux sont simples ou ornés de pièces de fonte.

Nous allons donner les prix de ces divers travaux.

Recherche du prix des escaliers.

Escalier en pierre. Marche de 1^{m}15 de longueur, 0^{m}35 de largeur et 0^{m}18 de hauteur, à crossette et boudin au bord.

0^{mc}167, pierre de Balin à 25^f	4^f 18
0 008, mortier à 9^{f}19	0 07
Pose	1 20
Bardage à 200^m a 2^{f}29 le mètre cube	0 58
Montage à 6^m à 2^{f}45 le mètre cube	0 41
Taille droite, rampante, joint, etc.	5 10
Moulure du boudin	1 78
Total	13 12

Escaliers en bois.

Limon droit, de 0^{m}054 d'ép.	5^{m}52, bois à 2^{f}00	7^f 04
	Façon, 22^{h}10 à 0^{f}23	5 08
	Pose, 4^{h}75	1 09
	Total	13 21

Limon courbe, de 0ᵐ04 d'ép.
$\left\{\begin{array}{l}\text{8}^m\text{80, bois à 1}^f\text{05} \dots \dots \quad 9^f 25 \\ \text{Façon , 75}^h \text{ à 0}^f\text{25} \dots \dots \quad 16\ 79 \\ \text{Pose, 15}^h\text{75 à 0}^f\text{25} \dots \dots \quad 5\ 16\end{array}\right.$

Total....... 29 20

Marche de 0ᵐ055 d'épaisseur, à boudin.

4ᵐ72, bois à 0ᶠ90 .... 4ᶠ24
Façon, 15ʰ75 à 0ᶠ25 .... 5 16
Pose, 5ʰ75 à 0ᶠ25 .... 1 25

Total....... 8 65

Rampe en fer et fonte. Un fuseau en fer de 16 millimètres avec piton en fonte et chapiteau aussi en fonte à boule en haut.

Fer d'un fuseau, 1ʰ16 à 0ᶠ58 .... 0ᶠ44
Bandelette, 0·25 à 0ᶠ40................... 0 10
Garniture et vis 0 88
Façon, 5ʰ25 à 0ᶠ24 .... 0 78
Pose, 1ʰ00 à 0ᶠ24.................... 0 24

Total....... 2 44

Main-courante, section ovale, vernie et posée.

Partie droite, le mètre courant.   5ᶠ50, bénéfice compris.
— courbe,   —   5 50,   —

CHAPITRE XIV.

Tableau géologique des terrains du département de la Meurthe.

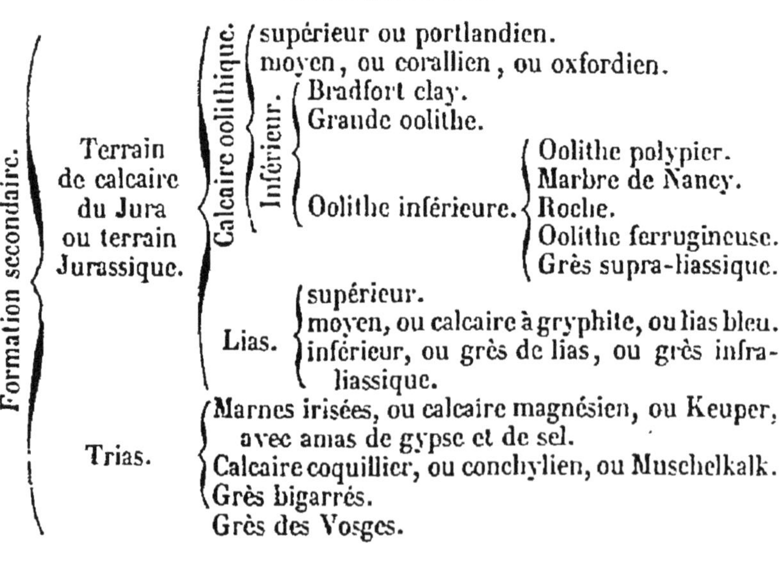

PIERRE DE TAILLE, MOELLONS, PLATRE ET CHAUX

*Que l'on retire des carrières du département de la Meurthe
et des départements limitrophes.*

Savonnières en Perthois, **oolithe portlandien**; pierre de
taille pour sculpture.

Euville, **oolithe corallien**; pierre de taille première qualité.

Uruffe et Gibaumeix, **oolithe corallien**; pierre de taille
première qualité.

Foug, Boucq, Ecrouves, **oolithe corallien.**

Mouterot, Chaudenay, Villey-le-Sec, Gondreville, **Bradfort clay.**

Trous-Sainte-Reine, Biqueley, **grande oolithe.**

Balin près Nancy, **oolithe inférieure**; moëllons et pierre de
taille.

Tincry, Norroy, Jesainville, Rogéville, Limey, Viterne, Crépey,
etc., **grande oolithe** et **oolithe inférieure**; moëllons et pierre
de taille.

Laxou, Maxéville, Pompey, **oolithe polypier.**

Croix-Gagnée près Nancy, **marbre de Nancy.**

Dieulouard, Laxou, côte de Toul, Malzéville, **oolithe inférieure, roche**; moëllons, pavés et pierre de taille, grouine ou
débris de ces roches avec de la terre.

Chavigny et Pont-Saint-Vincent, **oolithe ferrugineuse**;
pour les hauts fourneaux.

Fléville à Ludres, **lias supérieur**; ressemblant à l'ardoise.

Essey, Tomblaine, Saulxures et Séchamps, **lias bleu**; pour
empierrements des routes.

Séchamps, Ars-sur-Meurthe, Laneuveville, Ville-en-Vermois,
Richardménil, Frolois, **lias bleu à gryphée**; moëllons et chaux
assez hydraulique.

Thionville, **grès du lias** ou **sable fin**; pour nettoyer les
ustensiles en fer.

Bainville-aux-Miroirs, Gripport, Rosières-aux-Salines, Lunéville,
Bauzemont, **Keuper,** dans lequel se trouvent ces amas de gypse
et de sel.

Dieuze, **sel gemme**; sous les marnes irisées.

Rehainviller, Mont, Blainville, Damelevière, **Muschelkalk**;
moëllons et pavés.

Gerbévillers, **Muschelkalk**; pierre de taille.

De Lorquin à Hesse, **silex noir**; traversant le Muschelkalk.

Sarrebourg à Hattigny, **gypse**; traversant le Muschelkalk.

Saint-Jean-Courtzerode, **calcaire conchylien dans le
Muschelkalk**; chaux hydraulique.

Pied des Vosges, **grès bigarrés**; meules, moëllons, pierre de
taille.

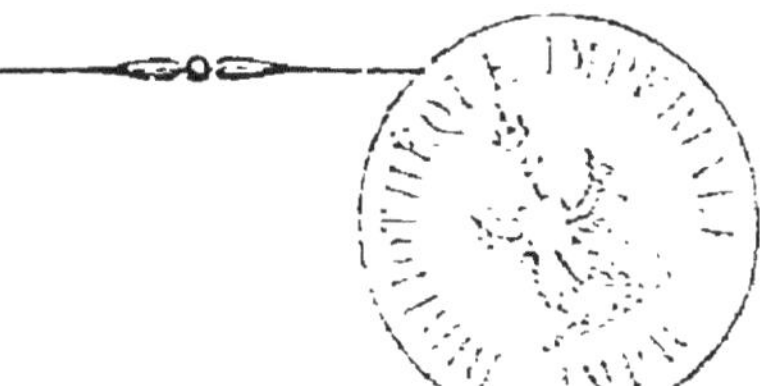

TABLE DES MATIÈRES.

9 782019 910402